もくじ

計算２年

全教科書版

教科書ぴったりトレーニング

活用 がついているところでは，基礎的・基本的な知識をいかして考える問題を扱っています。チャレンジしてみましょう。

JN080252

れんしゅう 1 くり上がりの　ない　たし算の　ひっ算

がくしゅうび　月　日

答え　2ページ

れいだい

★32＋15を　ひっ算で　しましょう。

とき方

32 ＋15	➡	32 ＋15 7	➡	32 ＋15 47
くらいを　たてに　そろえて　かく。		一のくらいを　たす。 2＋5＝7		十のくらいを　たす。 3＋1＝4

◀このような　計算のしかたを　ひっ算と　いいます。くり上がりの　ない　たし算の　ひっ算では、一のくらいを　たしてから、十のくらいを　たします。

1 たし算を　しましょう。

① 42＋26 (68)
② 24＋43
③ 61＋15
④ 58＋30
⑤ 71＋4
⑥ 2＋45

2 ひっ算で　しましょう。

① 33＋21

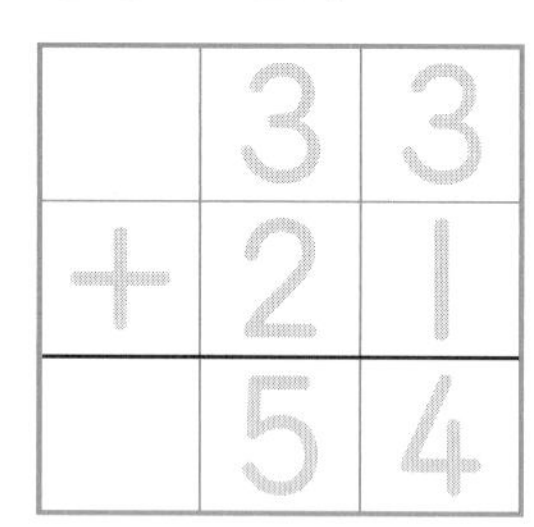

② 75＋13

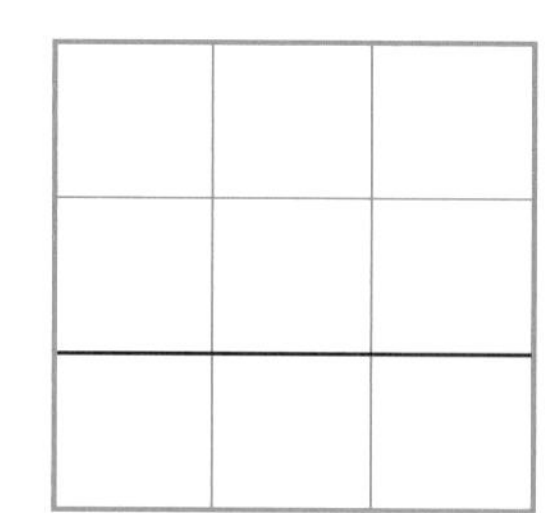

③ 43＋20

まちがいちゅうい

④ 16＋50

⑤ 54＋5

一のくらい、十のくらいの　じゅんに　たし算を　しよう。

ヒント　2 くらいを　たてに　そろえて　かきましょう。

がくしゅうび　　月　　日

れんしゅう 2 くり上がりの　ある　たし算の　ひっ算

答え　2ページ

れいだい

★57＋34を　ひっ算で　しましょう。

とき方

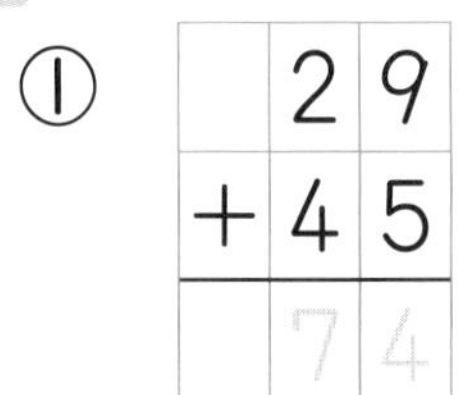

くらいを　たてに
そろえて　かく。

➡

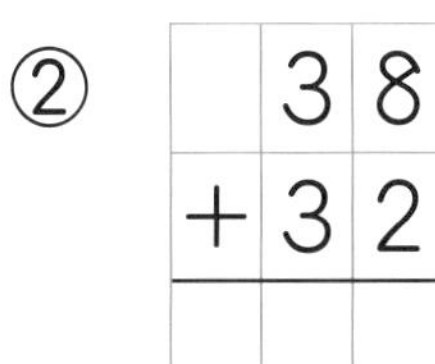

一のくらいを　たす。
7＋4＝11
一のくらいに　1を
かき、十のくらいに
1　くり上げる。

➡

十のくらいを　たす。
くり上げた
1とで、
1＋5＋3＝9

◀くり上がりの　ある
たし算の　ひっ算では、
一のくらいを　たして、
くり上げた　1を　十
のくらいで　たします。

1 たし算を　しましょう。

① 29＋45

② 38＋32

③ 76＋17

④ 52＋28

⑤ 78＋7

⑥ 8＋29

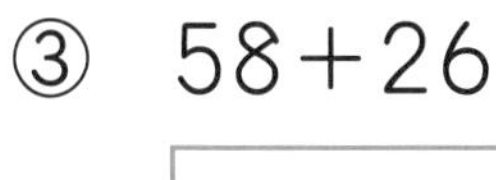

2 ひっ算で　しましょう。

① 47＋25

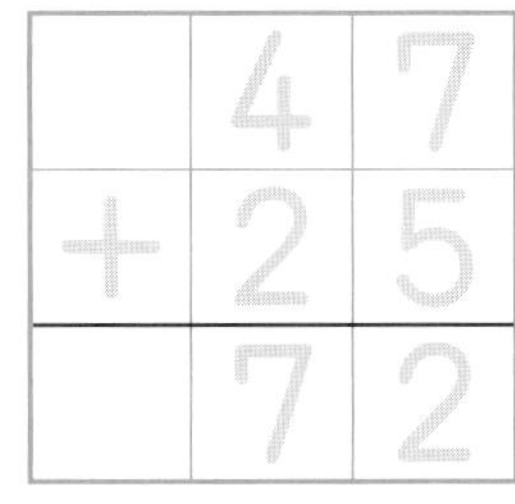

② 18＋69

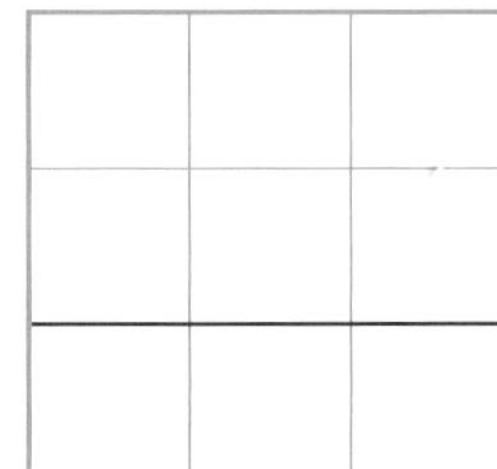

③ 58＋26

よくみて

④ 9＋85

⑤ 37＋8

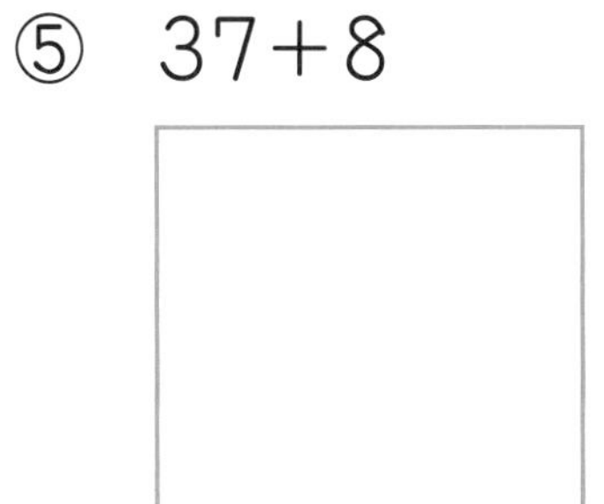

十のくらいの　たし算に
ちゅういしよう。

ヒント　十のくらいに　くり上げた　1を　わすれずに　計算しましょう。

がくしゅうび　　月　　日

れんしゅう ３ たし算の　きまり

答え　３ページ

れいだい

★18＋26の　計算(けいさん)を　して、答(こた)えの　たしかめも　しましょう。

とき方

たされる数(かず)…　　18　　　→　　26
たす数………＋　26　　　→　＋　18
答え…………　　44　　　　　　44

たされる数と
たす数を
入れかえます。

◀たし算(ざん)では、たされる数と　たす数を　入れかえても、答えは　同(おな)じです。

1 つぎの　計算を　ひっ算(さん)で　して、答えの　たしかめも　しましょう。

① 34＋42

▼ひっ算

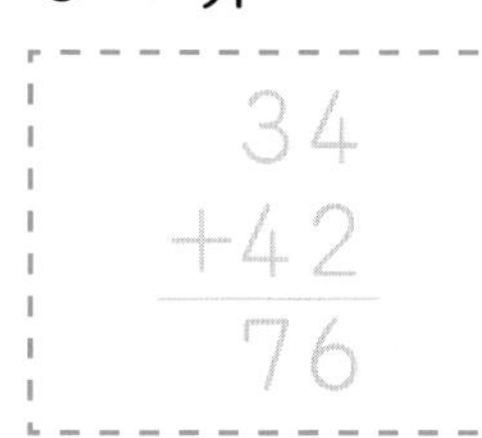

▼たしかめ

② 65＋19

▼ひっ算

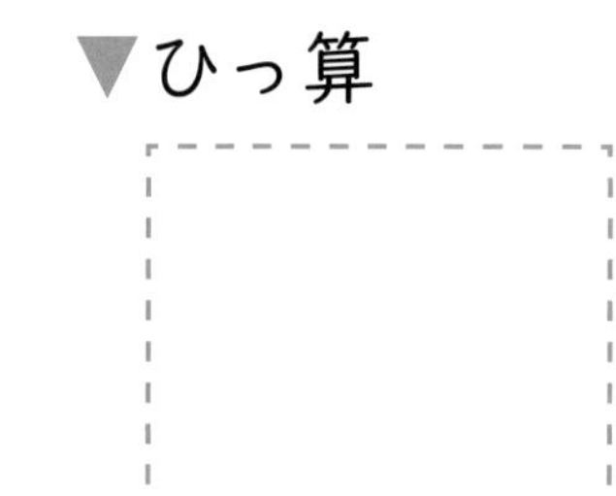

▼たしかめ

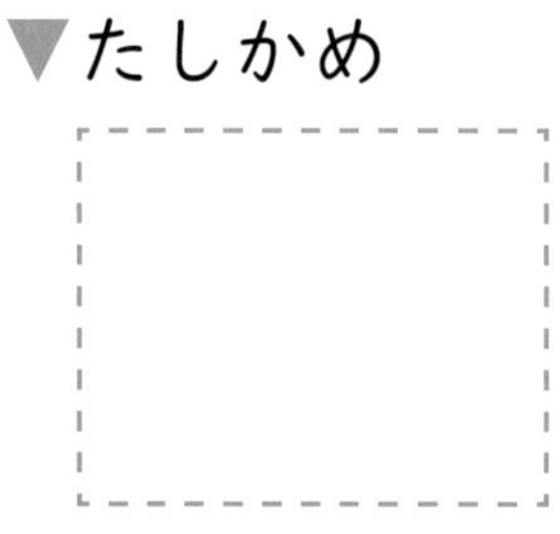

③ 46＋27

▼ひっ算

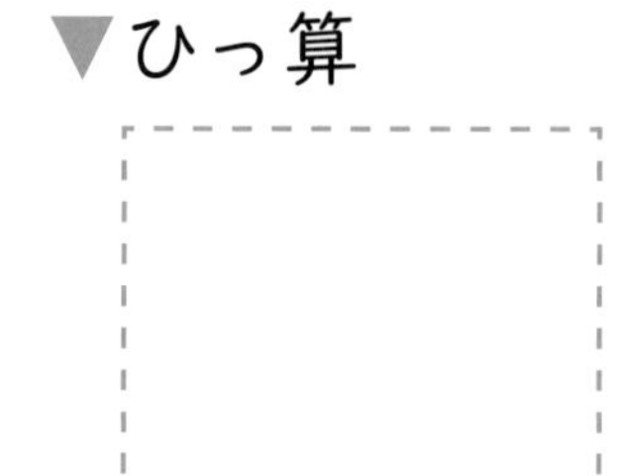

▼たしかめ

④ 27＋53

▼ひっ算

▼たしかめ

⑤ 6＋66

▼ひっ算

▼たしかめ

答えの　たしかめは、
たされる数と　たす数を
入れかえて　計算しよう。

ヒント　**1** ②　たしかめの　計算は　19＋65です。

がくしゅうび　　月　　日

4 たし算の　ひっ算

答え　3ページ

1 たし算を　しましょう。

1つ8点(40点)

① $\begin{array}{r} 32 \\ +26 \\ \hline \end{array}$　② $\begin{array}{r} 53 \\ +21 \\ \hline \end{array}$　③ $\begin{array}{r} 17 \\ +57 \\ \hline \end{array}$

④ $\begin{array}{r} 48 \\ +32 \\ \hline \end{array}$　⑤ $\begin{array}{r} 5 \\ +79 \\ \hline \end{array}$

2 ひっ算で　しましょう。

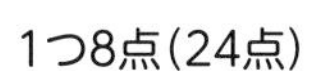

1つ8点(24点)

① 16＋25　② 49＋6　③ 4＋56

3 51＋29 を　ひっ算で　して、答えの　たしかめも　しましょう。

1つ8点(16点)

▼ひっ算　▼たしかめ

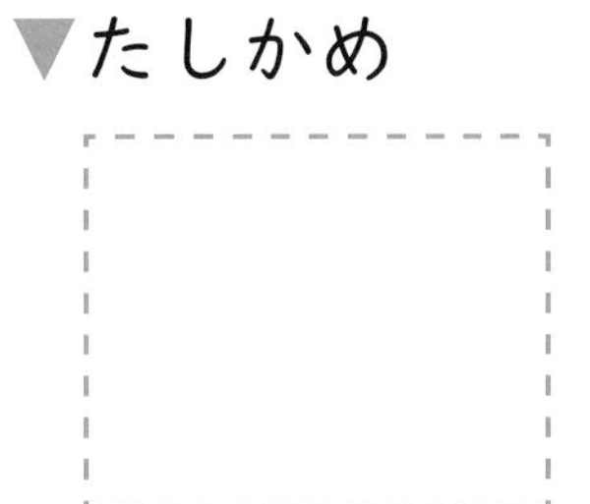

できたらスゴイ!

4 つぎの　ひっ算で、かくれて　いる　数字を　答えましょう。

1つ10点(20点)

$\begin{array}{r} 2\boxed{①} \\ +48 \\ \hline \boxed{②}3 \end{array}$

①(　　　)　②(　　　)

がくしゅうび　　月　　日

5 くり下がりの　ない　ひき算の　ひっ算

答え　4ページ

れいだい

★38－24を　ひっ算で　しましょう。

とき方

	3	8
－	2	4

くらいを　たてに　そろえて　かく。

→

	3	8
－	2	4
		4

一のくらいを　ひく。
8－4＝4

→

	3	8
－	2	4
	1	4

十のくらいを　ひく。
3－2＝1

◀（2けた）－（2けた）の　くり下がりの　ない　ひき算の　ひっ算では　一のくらいを　ひいて　から、十のくらいを　ひきます。

1 ひき算を　しましょう。

① 98－53

	9	8
－	5	3
	4	5

② 77－25

	7	7
－	2	5

③ 84－31

④ 43－13

⑤ 58－52

⑥ 37－7

2 ひっ算で　しましょう。

① 76－42

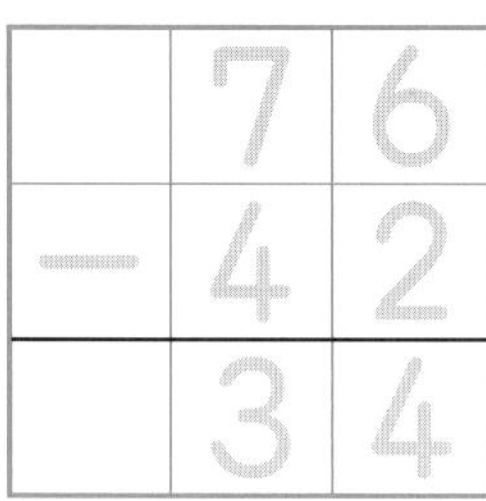

② 49－23

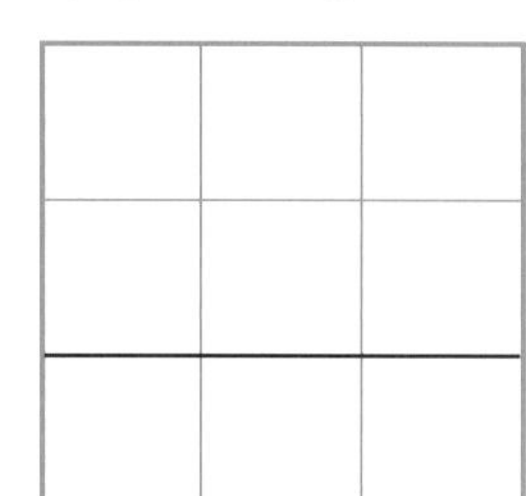

③ 92－72

まちがいちゅうい

④ 59－6

⑤ 43－3

一のくらいの　ひき算を　してから　十のくらいの　ひき算を　しよう。

ヒント　2　くらいを　たてに　そろえて　かきましょう。

がくしゅうび　月　日

6 くり下がりの　ある　ひき算の　ひっ算

答え　4ページ

れいだい

★43－29を　ひっ算（さん）で　しましょう。

とき方

```
  43        3        3
 －29  →   4̸3   →   4̸3
           －29      －29
              4       14
```

くらいを　たてに　そろえて　かく。

一のくらいから　ひく。十のくらいから　１　くり下（さ）げて　13－9＝4

十のくらいを　ひく。１　くり下げたから　3　3－2＝1

◀くり下がりの　ある　ひき算（ざん）の　ひっ算では　十のくらいから　１　くり下げて　一のくらいを　ひきます。

1 ひき算を　しましょう。

① 57－38（19）

② 91－63

③ 70－29

④ 41－38

⑤ 32－6

⑥ 60－7

2 ひっ算で　しましょう。

① 61－38

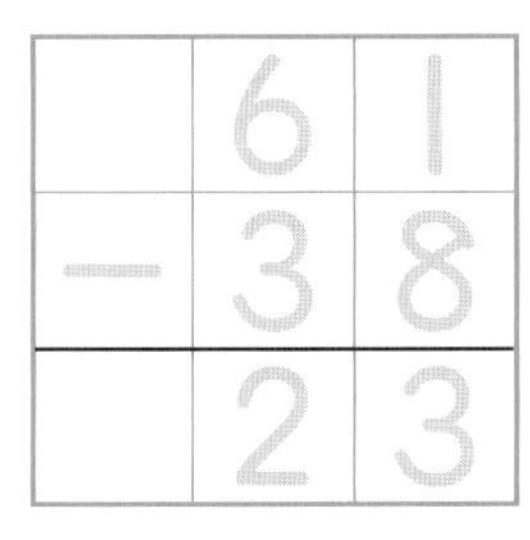

② 52－16

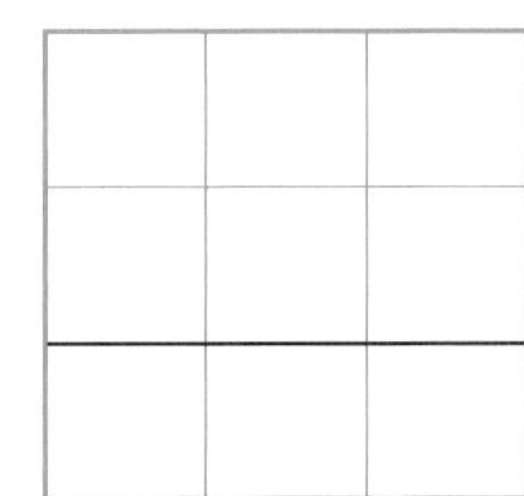

③ 50－27

④ 81－75

⑤ 73－8

一のくらいに　くり下げた　１を　わすれずに　十のくらいを　計算（けいさん）しよう。

ヒント　1 ④　十のくらいの　ひき算は　3－3で　0に　なります。十のくらいには　何（なに）も　かきません。

がくしゅうび　　月　　日

れんしゅう 7 答えの　たしかめ

答え　5ページ

れいだい

★52－28の　計算(けいさん)を　して、答(こた)えの　たしかめも　しましょう。

◀ひき算(ざん)では、答えに　ひく数を　たすと、ひかれる数に　なります。

とき方
ひかれる数(かず)…　52
ひく数………－　28
答え…………　24

答えに　ひく数を　たします。

　24
＋28
　52

1 つぎの　計算を　ひっ算(さん)で　して、答えの　たしかめも　しましょう。

① 61－43

▼ひっ算

　61
－43
　18

▼たしかめ

　18
＋43
　61

② 74－48

▼ひっ算

▼たしかめ

③ 88－59

▼ひっ算

▼たしかめ

④ 62－6

▼ひっ算

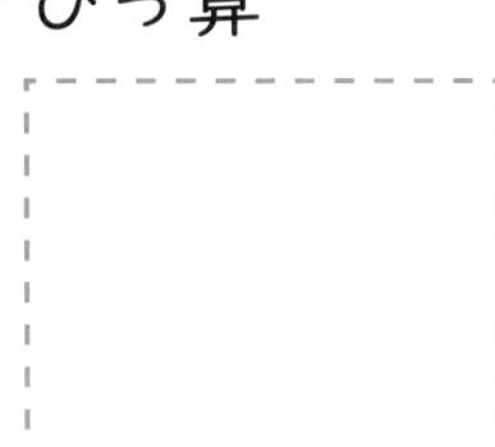

▼たしかめ

⑤ 30－8

▼ひっ算

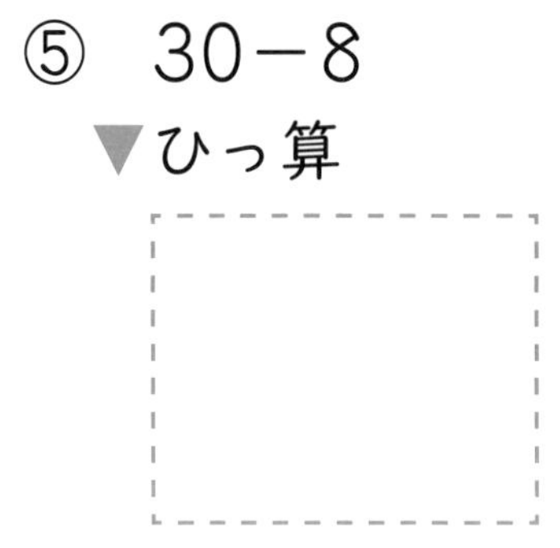

▼たしかめ

答えに　ひく数を　たして　みよう。

ヒント　1 ②　たしかめの　計算は　答え＋48＝74です。

がくしゅうび　　月　　日

8 ひき算の　ひっ算

時間20分　／100　ごうかく80点

答え 5ページ

1 ひき算を　しましょう。

1つ8点(40点)

①
$$\begin{array}{r} 59 \\ -36 \\ \hline \end{array}$$

②
$$\begin{array}{r} 78 \\ -23 \\ \hline \end{array}$$

③
$$\begin{array}{r} 81 \\ -49 \\ \hline \end{array}$$

④
$$\begin{array}{r} 63 \\ -18 \\ \hline \end{array}$$

⑤
$$\begin{array}{r} 42 \\ -39 \\ \hline \end{array}$$

2 ひっ算で　しましょう。

1つ8点(24点)

① 54−29

② 
30−23

③ 56−8

3 90−36を　ひっ算で　して、答えの　たしかめも　しましょう。

1つ8点(16点)

▼ひっ算

▼たしかめ

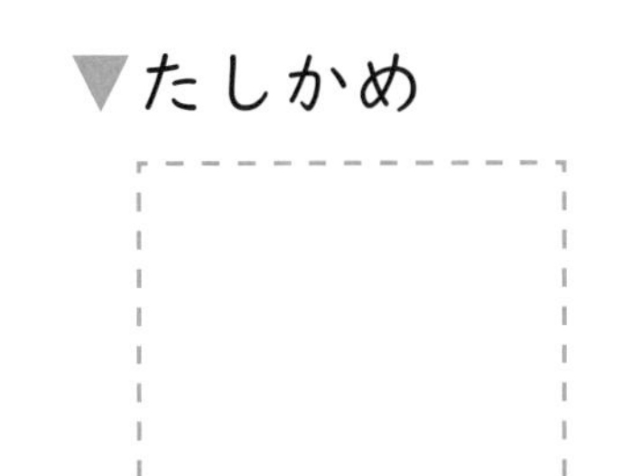

できたらスゴイ!

4 つぎの　ひっ算で、かくれて　いる　数字を　答えましょう。

1つ10点(20点)

$$\begin{array}{r} ①4 \\ -39 \\ \hline 4② \end{array}$$

①(　　　)　②(　　　)

がくしゅうび　　月　　日

れんしゅう 9 時間を　もとめる

答え　6ページ

れいだい

★家を　出てから　えきに　つくまでの　時間を　もとめましょう。

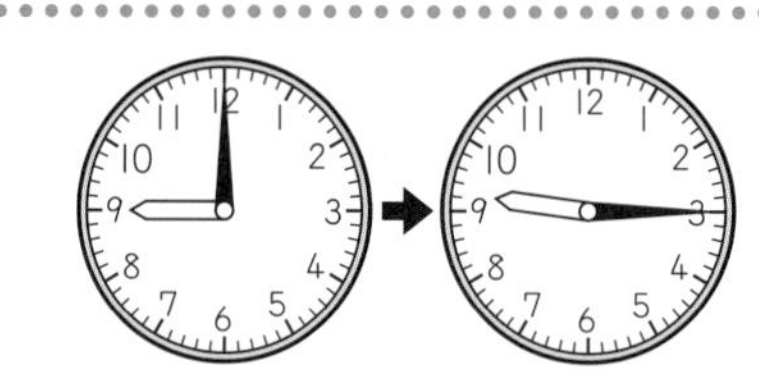

とき方　長い　はりが　1目もり　うごく　時間が　1分です。

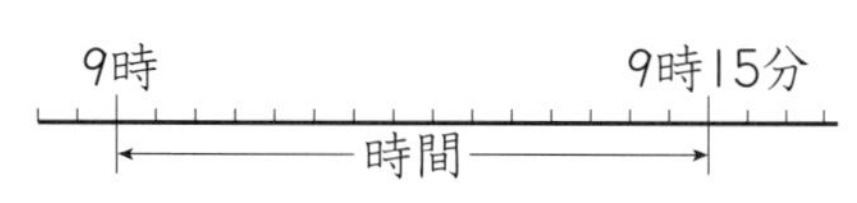

答え　15分

◀9時や　9時15分は　時こくです。時こくと　時こくの　間の　長さが　時間です。
◀1分…長い　はりが　1目もり　うごく　時間
◀1時間…長い　はりが　ひとまわりする　時間
1時間＝60分

1 左の　時こくから　右の　時こくまでの　時間を　答えましょう。

①

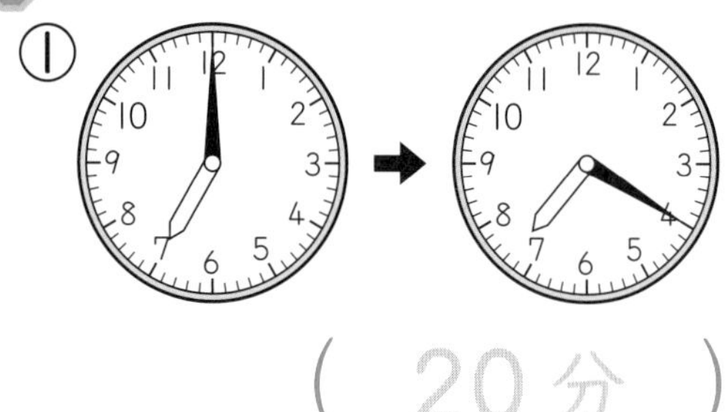

（　20分　）

②

（　　　）

うすい　字は　なぞって　考えよう。

③

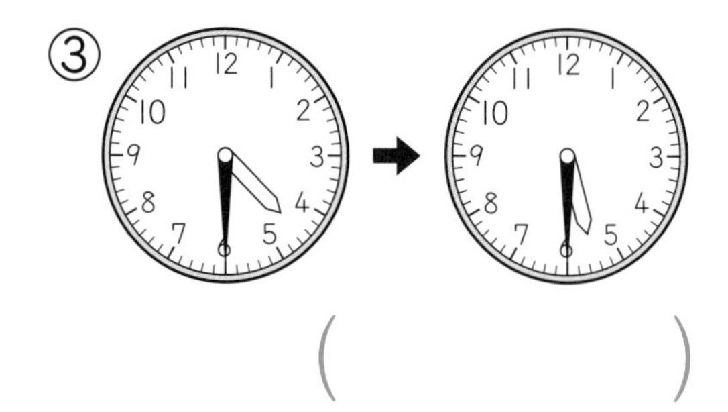

（　　　）

④

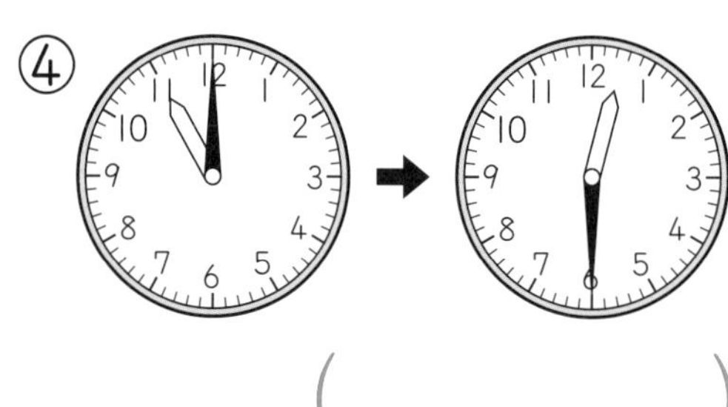

（　　　）

うすい　字を　なぞりながら　答えを　かいてみよう。

2 つぎの　時間を　答えましょう。

① 8時20分から　8時50分までの　時間　（　30分　）

② 3時15分から　3時40分までの　時間　（　　　）

③ 6時から　7時20分までの　時間　（　　　）

④ 9時55分から　11時までの　時間　（　　　）

ヒント　2 ③　6時から　7時までの　時間は　1時間、7時から　7時20分までの　時間は　20分です。

がくしゅうび　　月　　日

10 時こくを　もとめる

答え　6ページ

れいだい

★いま　7時10分です。つぎの　時こくを　答えましょう。

①　1時間あと　②　30分前

とき方　図に　かいて　考えます。

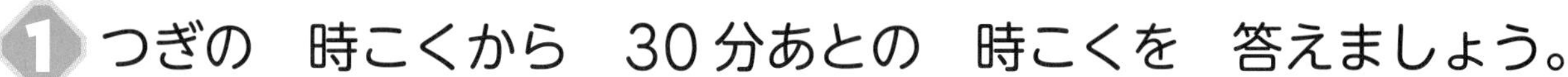

①　8時10分

②　6時40分

◀午前は　12時間、午後は　12時間　あります。

午前
0 1 2 3 4 5 6 7 8 9 10 11 12
0 1 2 3 4 5 6 7 8 9 10 11 12
正午　午後

1日＝24時間

1 つぎの　時こくから　30分あとの　時こくを　答えましょう。

（10時40分）（　　　）（　　　）

わかりにくい　ときは　図に　かいて　考えよう。

2 □に　あてはまる　数を　かきましょう。

①　午前は　[12]時間　　②　午後は　[　]時間

③　1日＝[　]時間

答えが　正しいか　たしかめながら　うすい　字を　なぞって　みよう。

3 つぎの　時こくや　時間を　答えましょう。

①　10時15分から　30分あとの　時こく　（10時45分）

②　8時50分の　30分前の　時こく　（　　　）

③　午後3時から　午後4時30分までの　時間　（　　　）

よくよんで

④　午前9時から　午後2時までの　時間　（　　　）

ヒント　**1** ②　25分あとの　時こくは　7時です。

11 時こくと　時間

1回目

答え　7ページ

1 つぎの　時こくから　12時までの　時間を　答えましょう。

1つ10点(30点)

① 
(　　　　)

② 
(　　　　)

③ 
(　　　　)

2 つぎの　時こくの　30分前の　時こくを　答えましょう。

1つ10点(30点)

① 
(　　　　)

② 
(　　　　)

③ 
(　　　　)

3 つぎの　時間を　答えましょう。

1つ10点(40点)

① 9時15分から　9時50分までの　時間

(　　　　)

② 1時45分から　2時45分までの　時間

(　　　　)

③ 4時30分から　5時40分までの　時間

(　　　　)

できたらスゴイ!

④ 6時55分から　9時までの　時間

(　　　　)

がくしゅうび　月　日

12 時こくと　時間

2回目

時間20分

/100

ごうかく80点

答え　7ページ

1 つぎの　時こくから　30分あとの　時こくを　答えましょう。

1つ9点(27点)

① 

②

③ 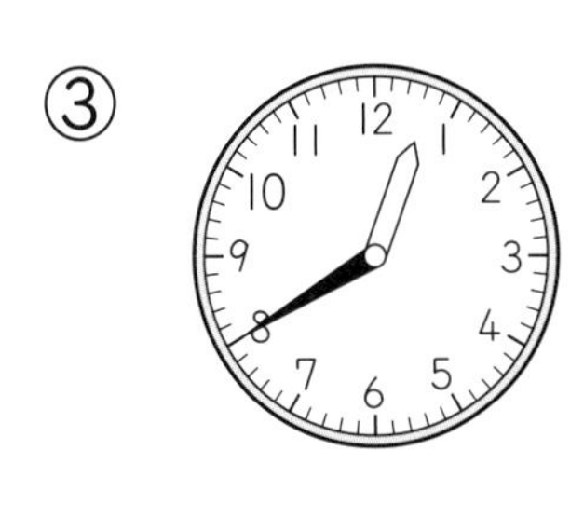

①(　　　)　②(　　　)　③(　　　)

2 □に　あてはまる　数を　かきましょう。

1つ7点(28点)

① 1時間＝□分

② 1時間30分＝□分

③ 1日＝□時間

④ 午前は　□時間

3 つぎの　時こくを　答えましょう。

1つ9点(45点)

① 7時15分から　40分あとの　時こく

(　　　)

② 3時20分の　50分前の　時こく

(　　　)

③ 9時45分から　1時間あとの　時こく

(　　　)

④ 10時32分の　1時間前の　時こく

(　　　)

できたらスゴイ!

⑤ 8時20分から　3時間あとの　時こく

(　　　)

がくしゅうび　　月　　日

13 センチメートル、ミリメートル

答え　8ページ

れいだい

★7cm6mmは　何(なん)mmですか。

とき方　1cm＝10mmだから、
7cm＝70mmです。
7cm　6mm＝76mm
70mmと6mm

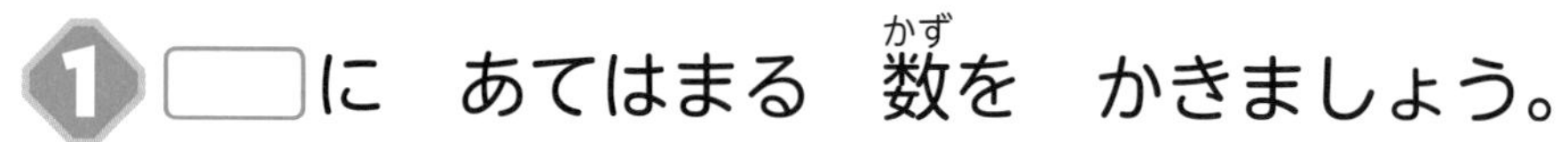

◀1cm＝10mm
10mm＝1cm　と
おぼえて　おきましょう。76mmは、7cmと6mmです。

1 □に　あてはまる　数(かず)を　かきましょう。

① 2cm＝［20］mm　② 3cm4mm＝［34］mm

③ 5cm8mm＝［　］mm　④ 6cm9mm＝［　］mm

⑤ 8cm3mm＝［　］mm

1cm＝10mm
10mm＝1cmの
かんけいを
つかえるように　しよう。

2 □に　あてはまる　数を　かきましょう。

① 40mm＝［4］cm　② 98mm＝［9］cm［8］mm

③ 24mm＝［　］cm［　］mm　④ 35mm＝［　］cm［　］mm

⑤ 78mm＝［　］cm［　］mm

ヒント　2 ③　24mmは、20mmと　4mmを　あわせた　長(なが)さです。

がくしゅうび　　月　　日

14 長さの　たし算

答え　8ページ

れいだい

★3cm6mm＋4cmの　たし算を　しましょう。

とき方　3cm6mmと　4cmの　たし算では、同じ　たんいの　ところを　たします。

3cm6mm＋4cm＝7cm6mm

◀長さの　たし算では、同じ　たんいの　ところを　たします。

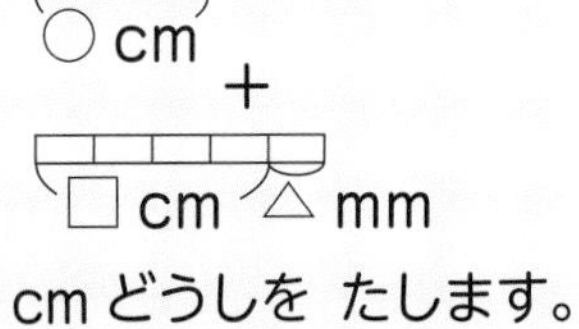

cmどうしを たします。

1 長さの　たし算を　しましょう。

① 2cm4mm＋3cm＝[5]cm[4]mm

② 5cm8mm＋2cm

③ 6cm3mm＋7mm

④ 3cm6mm＋9mm

⑤ 7cm9mm＋4mm

同じ　たんいの　cm、mmの　ところを　たし算するよ。

2 長さの　たし算を　しましょう。

① 3cm＋4cm8mm＝[7]cm[8]mm

② 6cm＋2cm5mm

よくみて

③ 4mm＋8cm6mm

④ 7mm＋5cm4mm

⑤ 8mm＋3cm6mm

ヒント　1 ③　3mm＋7mm＝10mm（1cm）です。

がくしゅうび　　月　　日

15 長さの　ひき算

答え　9ページ

れいだい

★9cm6mm－2cmの　ひき算を　しましょう。

とき方　たし算と　同じように、同じ　たんいの　ところを　ひき算します。

9cm6mm

2cm

9cm6mm－2cm＝7cm6mm

長さの　ひき算では、たし算と　同じように、同じ　たんいの　ところを　ひき算します。

1 長さの　ひき算を　しましょう。

① 6cm8mm－4cm＝［2］cm［8］mm

② 8cm3mm－5cm

③ 5cm9mm－2mm

④ 7cm8mm－6mm

⑤ 4cm3mm－3mm

同じ　たんいの　cm、mmの　ところを　ひき算するよ。

2 長さの　ひき算を　しましょう。

① 3cm4mm－8mm＝［2］cm［6］mm

② 7cm3mm－5mm

③ 5cm1mm－7mm

④ 6cm2mm－9mm

まちがいちゅうい

⑤ 1cm6mm－8mm

ヒント　2 cmの　たんいから　mmの　たんいに　くり下げて　計算しましょう。

がくしゅうび　月　日

16 長　さ

時間 20分

／100

ごうかく 80点

答え 9ページ

1 □に　あてはまる　数(かず)を　かきましょう。

1つ10点(20点)

① 9cm6mm＝□mm

② 46mm＝□cm□mm

2 長(なが)さの　たし算(ざん)を　しましょう。

1つ10点(40点)

① 3cm7mm＋5cm

② 2cm3mm＋6mm

③ 6cm8mm＋8mm

できたらスゴイ!

④ 9cm6mm＋4mm

3 長さの　ひき算を　しましょう。

1つ10点(40点)

① 9cm8mm－4cm

② 6cm5mm－8mm

③ 3cm4mm－9mm

できたらスゴイ!

④ 1cm2mm－3mm

がくしゅうび　　月　　日

れんしゅう 17 100を　こえる　数

答え　10ページ

れいだい

★100を　10こ　あつめた　数(かず)は　いくつですか。

とき方　100を　10こ　あつめた　数を　千(せん)と　いい、1000と　かきます。

100 100 100 100 100
100 100 100 100 100 → 1000

下の　数の直線(ちょくせん)で　たしかめましょう。

700　800　900　1000

◀100を　10こ　あつめると　千という　数に　なり、1000と　かきます。

1 つぎの　数を　数字(すうじ)で　かきましょう。

① 1000より　100　小さい　数　（ 900 ）

② 1000より　1　小さい　数　（　　）

③ 1000より　10　小さい　数　（　　）

④ 10を　100こ　あつめた　数　（　　）

100を　10こ、または、10を　100こ　あつめると　1000に　なるよ。

①で　1目もりは　1に　なって　いるよ。

2 □に　あてはまる　数を　かきましょう。

① 994　[995]　996　997　998　999　[1000]

② 940　[　]　960　970　980　990　[　]

③ 970 — 975 — 980 — 985 — 990 — [　] — [　]

④ 400 — [　] — 600 — 700 — 800 — [　] — [　]

ヒント　2 ①は　1ずつ、②は　10ずつ、③は　5ずつ、④は　100ずつ　大きく　なって　います。

がくしゅうび　月　日

れんしゅう 18 数の　大小

答え　10ページ

れいだい

★2つの　数(かず)を　くらべて、>か　<を　つかって　かきましょう。

384　379

とき方　百のくらいは　どちらも　3で、十のくらいは　8と　7だから、384>379に　なります。

百	十	一
3	8	4
3	7	9

◀数の　大きい　小さいを　くらべる　ときは、百のくらい、十のくらい、一のくらいと　じゅんに　くらべよう。

◀大>小、小<大と　かきます。

1 2つの　数を　くらべて、>か　<を　つかって　かきましょう。

① 403　399　（ 403>399 ）

② 769　784　（　　　）

③ 298　296　（　　　）

④ 888　881　（　　　）

⑤ 640　642　（　　　）

⑥ 751　709　（　　　）

2 大きい　ほうに　○を　つけましょう。

① 603　59　（ ○ ）（　　）

まちがいちゅうい

②

（　　）（　　）

① やぶれて　いても
百のくらいを　くらべれば
わかるね。

ヒント　1 大>小や　小<大と　あらわします。むきを　まちがえないように　しましょう。

がくしゅうび　　月　　日

19 何十の　たし算と　ひき算

答え　11ページ

れいだい

★① 60＋50の　たし算
② 130－50の　ひき算を　しましょう。

とき方 ① 10の　まとまりで　考えると、
60＋50＝110

② 10の　まとまりで　考えると、130－50＝80

何十の　たし算では、10の　まとまりが　あわせて　いくつに　なるか、ひき算では、いくつの　10の　まとまりから　いくつの　10の　まとまりを　ひくかを　考えます。

1 たし算を　しましょう。

① 30＋90＝［120］　② 80＋50

③ 70＋60　④ 40＋70

⑤ 90＋90

⑤ 10の　まとまりは　あわせて　いくつかな？

2 ひき算を　しましょう。

① 120－60＝［60］　② 150－80

③ 130－40　④ 120－30

よくみて
⑤ 180－90

④ 10の　まとまりは　いくつ　のこるかな？

ヒント
1 ② ⑩が　8こと　5こで　13こです。
2 ② 15この　⑩から　8この　⑩を　とると　のこりは　7こです。

がくしゅうび　　月　　日

20 何百の　たし算と　ひき算

答え 11ページ

れいだい

★① 300＋400の　たし算(ざん)
② 700－500の　ひき算を　しましょう。

とき方 ① 100の　まとまりで　考(かんが)えると、

300＋400＝700

② 100の　まとまりで　考えると、700－500＝200

◀何(なん)百の　たし算では、100の　まとまりが　あわせて　いくつに　なるか、ひき算では、いくつの　100の　まとまりから　いくつの　100の　まとまりを　ひくかを　考えます。

1 たし算を　しましょう。

① 200＋500＝700　　② 100＋800

③ 600＋200　　④ 300＋200

⑤ 700＋300

⑤ 100が7こ ＋ 100が3こ
100の　まとまりは　あわせて　いくつかな？

2 ひき算を　しましょう。

① 600－400＝200　　② 800－300

③ 500－100　　④ 900－200

よくみて
⑤ 1000－800

④ 100が9こ から 2こ
100の　まとまりは　いくつ　のこるかな？

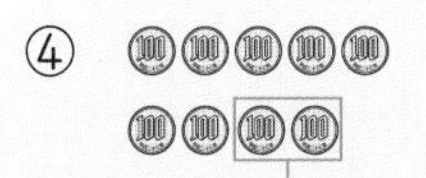

ヒント
1 ② 100が　1こと　8こで　9こです。
2 ② 8この　100から　3この　100を　とると　のこりは　5こです。

たしかめのテスト 21 100を　こえる　数

1回目(かいめ)

時間 20分　／100　ごうかく 80点

答え 12ページ

1 つぎの　数(かず)を　数字(すうじ)で　かきましょう。

1つ8点(24点)

① 1000より　2　小さい　数

(　　　　)

② 990より　10　大きい　数

(　　　　)

③ 1000より　5　小さい　数

(　　　　)

2 □に　あてはまる　数を　かきましょう。

□1つ9点(36点)

① 960　965　□　975　980　985　990　995　□

② 988－990－992－994－□－998－□

3 2つの　数を　くらべて、＞か　＜を　つかって　かきましょう。

1つ10点(20点)

① 598　587

(　　　　)

② 443　459

(　　　　)

できたらスゴイ!

4 つぎの　□に　あてはまる　数を　ぜんぶ　かきましょう。

1つ10点(20点)

① 534＞53□

(　　　　)

② 769＜7□5

(　　　　)

22 100を　こえる　数

2回目(かいめ)

答え 12ページ

1 たし算(ざん)を　しましょう。

1つ7点(42点)

① 90＋50　　② 80＋70

③ 30＋80　　④ 300＋500

⑤ 800＋100　　⑥ 400＋600

2 ひき算を　しましょう。

1つ7点(42点)

① 110－40　　② 170－80

③ 160－90　　④ 800－200

⑤ 400－300　　⑥ 1000－300

できたらスゴイ!

3 答(こた)えの　大きい　ほうを　えらびましょう。

1つ8点(16点)

① 40＋80 ◯ 50＋60

（　　　　）

② 120－90 ◯ 140－70

（　　　　）

がくしゅうび　月　日

23 リットル、デシリットル、ミリリットル

答え 13ページ

れいだい

★㋐、㋑、㋒の　かさを　もとめましょう。

とき方

㋐　1Lの　3つ分です。

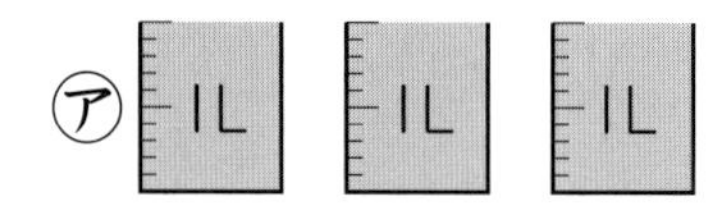

㋑　1Lが　1つ分と、
1dLが　3つ分です。

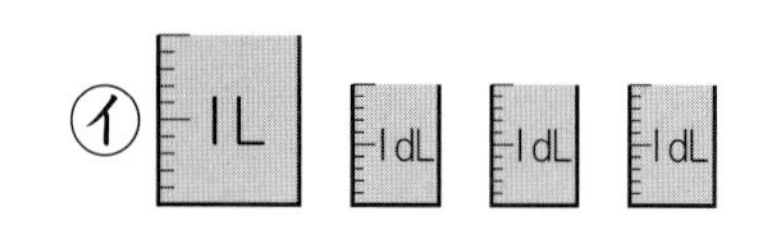

㋒　10mLの　2つ分です。㋒ 1dL

答え　㋐　3L　㋑　1L3dL　㋒　20mL

◀かさの　たんい…L、dL、mLが　あります。
◀1Lを　同じ　かさに　10こに　分けた　1つ分が　1dL、1dLを　同じ　かさに　10こに　分けた　1つ分が　10mLです。
1L＝10dL
1dL＝100mL
1L＝1000mL

1 かさは　どれだけですか。

①（　2L　）　②（　　　）　③（　　　）

2 かさを　かき入れましょう。

①　1L7dL

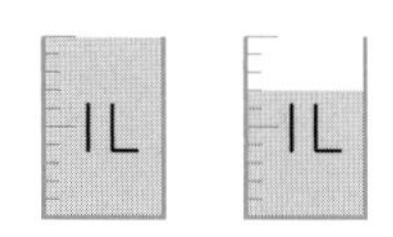

②　50mL

③　250mL

1dL　1dL　1dL

それぞれの　ますの
1目もりが、どれだけの
かさかに　気を　つけてね。

3 □に　あてはまる　数を　かきましょう。

①　1L＝□10□dL　②　1dL＝□mL

③　1L＝□mL　④　20dL＝□L

⑤　300mL＝□dL　⑥　1L500mL＝□mL

ヒント　❶③　1目もりは　10mLを　あらわします。

がくしゅうび　月　日

24 かさの　たし算

答え 13ページ

れいだい

★1L5dL＋7dLの　計算(けいさん)を　しましょう。

とき方　くり上(あ)がりに　気を　つけて　同(おな)じ　たんい　どうしを　計算します。

→10dL＝1L→12dL＝1L2dL

1L5dL＋7dL＝1L12dL＝2L2dL

◀かさの計算…同じ　たんい　どうしを　計算します。
・1L3dL＋2dL
→3＋2＝5
＝1L5dL

1 たし算(ざん)を　しましょう。

① 1L5dL＋3dL＝1L［8］dL

② 1L2dL＋8dL＝［　］L

③ 2L7dL＋6dL＝［　］L［　］dL

④ 2L4dL＋9dL＝［　］L［　］dL

⑤ 3L6dL＋6dL＝［　］L［　］dL

⑤ 12dLは 1L2dLだね。くり上がりに 気を　つけよう。

2 たし算を　しましょう。

① 2L4dL＋5dL

② 1L5dL＋9dL

③ 1L7dL＋3dL

④ 2L6dL＋7dL

！まちがいちゅうい

⑤ 2L8dL＋8dL

ヒント　1 ② 2dL＋8dL＝10dL（1L）です。

25 かさの　ひき算

がくしゅうび　　月　　日

答え　14ページ

れいだい

★2L3dL－8dLの　計算(けいさん)を　しましょう。

とき方　くり下(さ)がりに　気を　つけて　同(おな)じ　たんい　どうしを　計算します。

2L3dL－8dL＝1L13dL－8dL＝1L5dL
└→ひけないので　くり下げて　1L13dL

◀同じ　たんい　どうしを　計算します。
・1L9dL－4dL
→9－4＝5
＝1L5dL

1 ひき算(ざん)を　しましょう。

① 1L6dL－2dL＝1L［　4　］dL

② 2L7dL－7dL＝［　　］L

③ 2L2dL－3dL＝［　　］L［　　］dL

④ 3L4dL－9dL＝［　　］L［　　］dL

⑤ 2L1dL－5dL＝［　　］L［　　］dL

③　2L2dL＝1L12dL
として、ひき算を
しよう。

2 ひき算を　しましょう。

① 3L8dL－3dL　　② 1L9dL－9dL

③ 2L4dL－6dL　　④ 3L5dL－8dL

よくみて

⑤ 2L3dL－7dL

ヒント　dLの　たんいで　ひき算が　できない　ときは、Lから　くり下げて　計算しましょう。

26 か　さ

月　　日

時間20分

／100

ごうかく80点

答え 14ページ

1 □に　あてはまる　数(かず)を　かきましょう。

1つ5点(30点)

① 2L＝□dL　　② 50dL＝□L

③ 4dL＝□mL　　④ 800mL＝□dL

⑤ 3L＝□mL　　⑥ 7000mL＝□L

2 たし算(ざん)を　しましょう。

1つ7点(35点)

① 2L4dL＋2dL　　② 3L5dL＋5dL

③ 1L8dL＋4dL　　④ 2L9dL＋7dL

⑤ 2L6dL＋6dL

3 ひき算を　しましょう。

1つ7点(35点)

① 1L5dL－3dL　　② 4L8dL－8dL

③ 2L4dL－8dL　　④ 3L4dL－5dL

できたらスゴイ!

⑤ 1L2dL－9dL

がくしゅうび　月　日

27 たし算の　くふう

答え　15 ページ

れいだい

★59＋5 を　くふうして　計算(けいさん)を　しましょう。

とき方 5を　1と　4に　分(わ)けて　考(かんが)えると、
59＋1 は　60 に　なり、
60＋4＝64

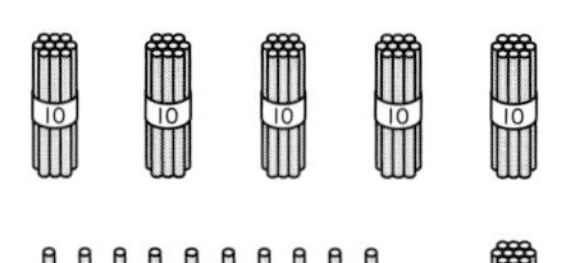

◀たす数(かず)を、できるだけ　かんたんに　計算でき　るよう　うまく　2つ　に　分ける　ことを　考えましょう。

1 くふうして　計算を　しましょう。

① 68＋5＝［73］
　2　3
　68＋2＝70、70＋3＝73

② 18＋9

③ 23＋9

④ 38＋2

⑤ 73＋7

⑥ 26＋5

⑦ 13＋8

⑧ 45＋8

! まちがいちゅうい

⑨ 56＋6

たす数を　うまく　2つに　分けて　計算を　しよう。

ヒント　1 ⑧　たす数の　8を　5と　3に　分けましょう。

がくしゅうび　月　日

28 ひき算の　くふう

答え 15ページ

れいだい

★32－6を　くふうして　計算(けいさん)を　しましょう。

とき方　6を　2と　4に　分(わ)けて考(かんが)えると、
32－2は　30に　なり、
30－4＝26

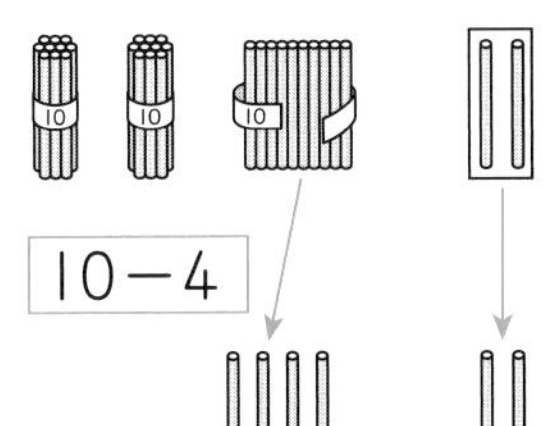

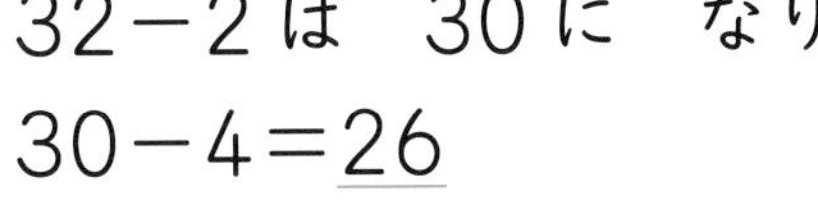

のこりは　26

◀ひく数(かず)を、できるだけかんたんに　計算できるよう　うまく　2つに　分ける　ことを考えましょう。

1 くふうして　計算を　しましょう。

① 72－8＝64
2　6
72－2＝70、70－6＝64

② 63－8

③ 43－7

④ 50－3

⑤ 20－9

⑥ 35－6

⑦ 43－7

⑧ 84－5

よくみて

⑨ 65－9

ひく数を　うまく
2つに　分けて
計算を　しよう。

ヒント　1 ②　ひく数の　8を　3と　5に　分けましょう。

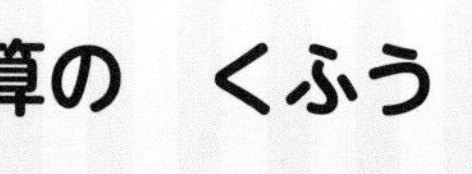

29 たし算と　ひき算の　くふう

1回目

答え 16ページ

1 くふうして　計算を　しましょう。

1つ10点(100点)

① 39＋4　　　② 28＋5

③ 24＋6　　　④ 47＋8

⑤ 58＋7　　　⑥ 54－7

⑦ 21－4　　　⑧ 30－7

⑨ 46－8　　　⑩ 69－63

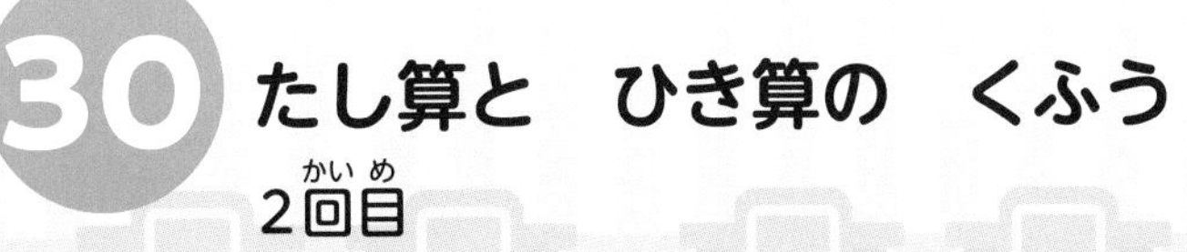

答え　16 ページ

1 くふうして　計算(けいさん)を　しましょう。

1つ10点(100点)

① 75＋9　　② 66＋8

③ 47＋3　　④ 50＋9

⑤ 43＋8　　⑥ 83－5

⑦ 45－8　　⑧ 60－6

⑨ 72－5　　⑩ 96－9

がくしゅうび　　月　　日

31 計算の　ふくしゅうテスト①

1回目（かいめ）

本文 2〜31ページ　答え 17ページ

1 計算（けいさん）を　しましょう。

1つ6点(36点)

① $\begin{array}{r} 52 \\ +16 \\ \hline \end{array}$　② $\begin{array}{r} 28 \\ +39 \\ \hline \end{array}$　③ $\begin{array}{r} 9 \\ +43 \\ \hline \end{array}$

④ $\begin{array}{r} 69 \\ -33 \\ \hline \end{array}$　⑤ $\begin{array}{r} 32 \\ -14 \\ \hline \end{array}$　⑥ $\begin{array}{r} 80 \\ -\ 8 \\ \hline \end{array}$

2 長（なが）さの　計算を　しましょう。

1つ7点(28点)

① 3cm2mm＋6mm　② 5cm9mm＋4mm

③ 8cm3mm－4cm　④ 4cm5mm－9mm

3 計算を　しましょう。

1つ6点(36点)

① 50＋90　② 80＋70

③ 900＋100　④ 140－70

⑤ 120－90　できたらスゴイ!　⑥ 1000－900

がくしゅうび　月　日

32 計算の　ふくしゅうテスト①

2回目

本文 2〜31 ページ　答え 17 ページ

1 計算を　しましょう。

1つ6点(36点)

① $\begin{array}{r} 41 \\ +24 \\ \hline \end{array}$　② $\begin{array}{r} 58 \\ +12 \\ \hline \end{array}$　③ $\begin{array}{r} 65 \\ +\ 8 \\ \hline \end{array}$

④ $\begin{array}{r} 78 \\ -52 \\ \hline \end{array}$　⑤ $\begin{array}{r} 83 \\ -17 \\ \hline \end{array}$　⑥ $\begin{array}{r} 50 \\ -\ 6 \\ \hline \end{array}$

2 計算を　しましょう。

1つ7点(28点)

① 1L5dL＋7dL

② 3L9dL＋1dL

③ 2L3dL－8dL

できたらスゴイ!

④ 1L1dL－9dL

3 くふうして　計算を　しましょう。

1つ6点(36点)

① 29＋5

② 50＋18

③ 7＋49

④ 35－9

⑤ 77－70

⑥ 98－91

がくしゅうび　　月　　日

れんしゅう 33 十のくらいが　くり上がる　たし算の　ひっ算

答え 18ページ

れいだい

★72＋63を　ひっ算で　しましょう。

とき方

$$\begin{array}{r} 72 \\ +63 \\ \hline \end{array} \rightarrow \begin{array}{r} 72 \\ +63 \\ \hline 5 \end{array} \rightarrow \begin{array}{r} 72 \\ +63 \\ \hline 35 \end{array} \rightarrow \begin{array}{r} 72 \\ +63 \\ \hline 135 \end{array}$$

くらいを　たてに　そろえて　かく。

一のくらいを　計算する。2＋3＝5

十のくらいを　計算する。7＋6＝13　十のくらいに　3を　かく。

くり上がった　1を　百のくらいに　かく。

◀十のくらいが　くり上がる　たし算では、くり上げた　1を　百のくらいに　かきます。くらいを　たてに　そろえて　かきましょう。

1 たし算を　しましょう。

① $\begin{array}{r} 54 \\ +82 \\ \hline 136 \end{array}$

十のくらいは　5＋8＝13

② $\begin{array}{r} 91 \\ +35 \\ \hline \end{array}$

③ $\begin{array}{r} 65 \\ +52 \\ \hline \end{array}$

④ $\begin{array}{r} 84 \\ +61 \\ \hline \end{array}$

⑤ $\begin{array}{r} 70 \\ +56 \\ \hline \end{array}$

⑥ $\begin{array}{r} 72 \\ +34 \\ \hline \end{array}$

2 ひっ算で　しましょう。

① 74＋92

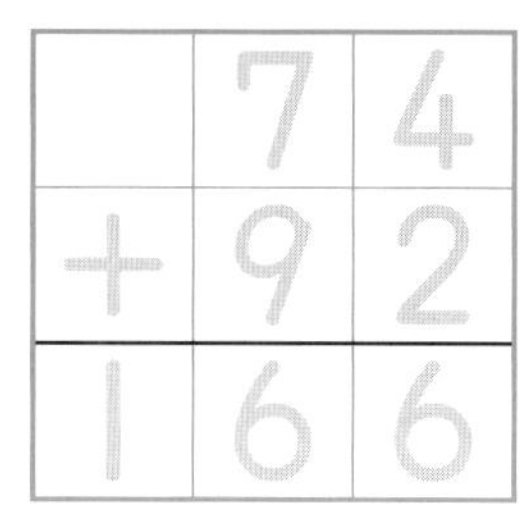

② 43＋74

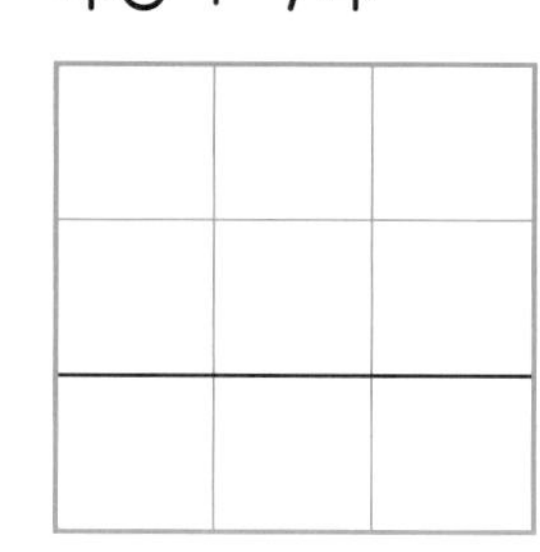

③ 60＋63

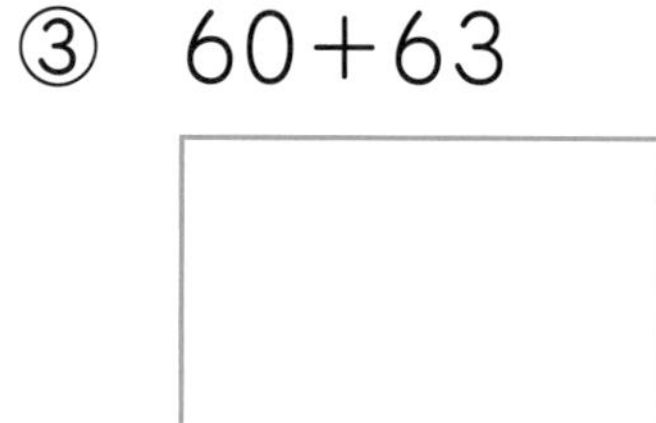

④ 24＋85

⑤ 80＋27

十のくらいの　たし算で　くり上がった　1は　百のくらいに　かくよ。

ヒント 1 ②　一のくらいの　計算は　1＋5＝6、十のくらいの　計算は　9＋3＝12です。

がくしゅうび　月　日

れんしゅう 34 一のくらい、十のくらいが　くり上がる　たし算の　ひっ算

答え　18ページ

れいだい

★59＋67を　ひっ算(さん)で　しましょう。

とき方

```
  59        ¹        ¹
 +67   →   59   →   59
          +67      +67
            6      126
```

くらいを　たてに　そろえて　かく。

一のくらいの　たし算(さん)は　9＋7＝16　十のくらいに　1　くり上(あ)げる。

十のくらいの　たし算は　くり上げた　1とで　1＋5＋6＝12

◀一のくらい、十のくらいが　くり上がる　たし算の　ひっ算では、くり上げた　1を　わすれずに　たしましょう。

1 たし算を　しましょう。

①
```
  75
 +49
 124
```
一のくらいは　5＋9＝14
十のくらいは　1＋7＋4＝12

②
```
  68
 +76
```

③
```
  34
 +76
```

④
```
  28
 +76
```

⑤
```
  13
 +87
```

⑥
```
  97
 + 8
```

2 ひっ算で　しましょう。

① 84＋68

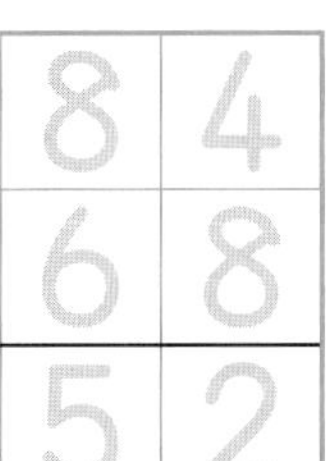

② 59＋73

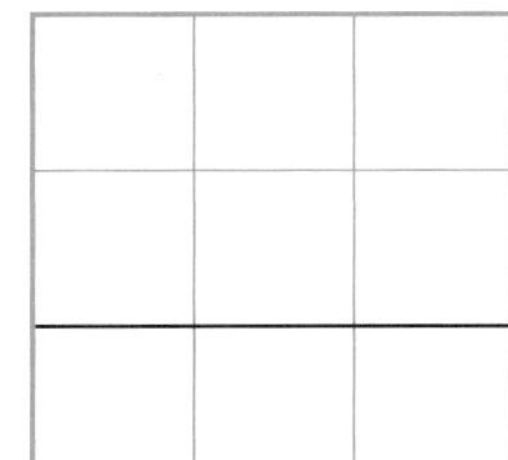

③ 38＋63

まちがいちゅうい

④ 26＋75

⑤ 4＋96

＋－ 計算に強くなる！ ×÷

一のくらい、十のくらいの　くり上がった　1を　かいて　おくと　まちがえないよ。

ヒント　1 ②　一のくらいの　計算(けいさん)は　8＋6＝14、十のくらいの　計算は　1＋6＋7＝14です。

がくしゅうび　　月　　日

35 3つの　数の　たし算の　ひっ算

答え　19ページ

れいだい

★29＋42＋58の　計算(けいさん)を　ひっ算(さん)で　しましょう。

とき方

```
   29            1
   42           29
 ＋58     ➡     42
 ────         ＋58
    9         ────
               129
```

一のくらいは　9＋2＋8＝19
十のくらいに　1　くり上(あ)げる。

くり上げた　1とで
十のくらいは　1＋2＋4＋5＝12

◀3つの　数(かず)の　たし算(ざん)では、一のくらいから　じゅんに　計算しましょう。くり上がりに　ちゅういしましょう。

1 つぎの　計算を　ひっ算で　しましょう。

① 56＋47＋84

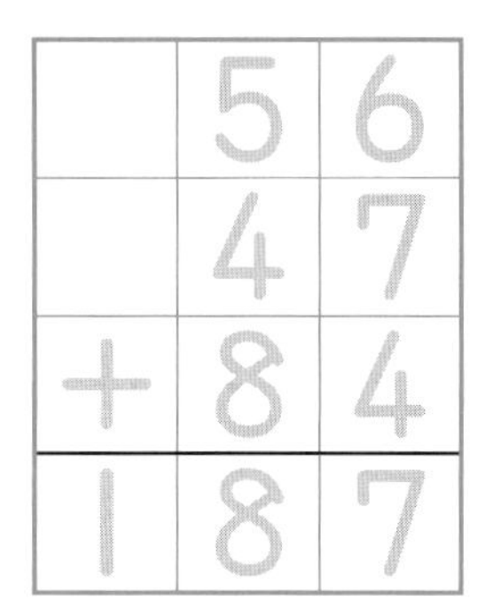

一のくらいは　6＋7＋4＝17
十のくらいは　1＋5＋4＋8＝18

② 63＋25＋76

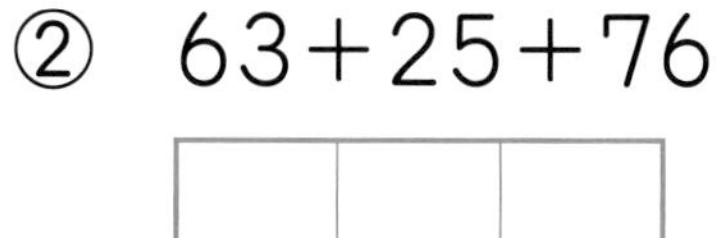

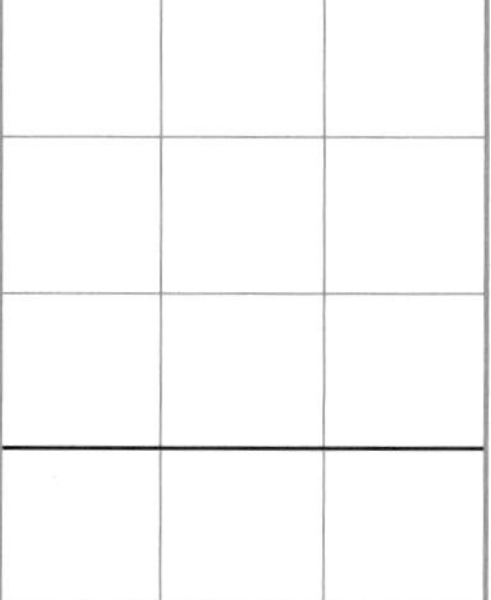

③ 28＋95＋36

④ 46＋39＋57

⑤ 68＋27＋69

一のくらいから
じゅんに　計算して
いこう。
くり上がった
数に　ちゅうい！

ヒント　1 ②　一のくらいの　計算は　3＋5＋6＝14、十のくらいの　計算は　1＋6＋2＋7＝16です。

がくしゅうび　　月　　日

36 百のくらいから　くり下がる　ひき算の　ひっ算

答え　19ページ

れいだい

★135－52を　ひっ算で　しましょう。

とき方

	1	3	5
－		5	2

くらいを　たてに　そろえて　かく。

➡

	1	3	5
－		5	2
			3

一のくらいを　ひく。
5－2＝3

➡

	1	3	5
－		5	2
		8	3

十のくらいは
百のくらいから
1　くり下げて
13－5＝8

◀百のくらいから　1　くり下がる　ひき算では、十のくらいの　ひき算を　まちがえない　ように　しましょう。

1 ひき算を　しましょう。

①

	1	2	8
－		4	2
		8	6

十のくらいは　12－4＝8

②

	1	4	9
－		6	7

③

	1	5	4
－		7	3

④ 175
－ 94

⑤ 109
－ 55

⑥ 108
－ 95

2 ひっ算で　しましょう。

① 148－63

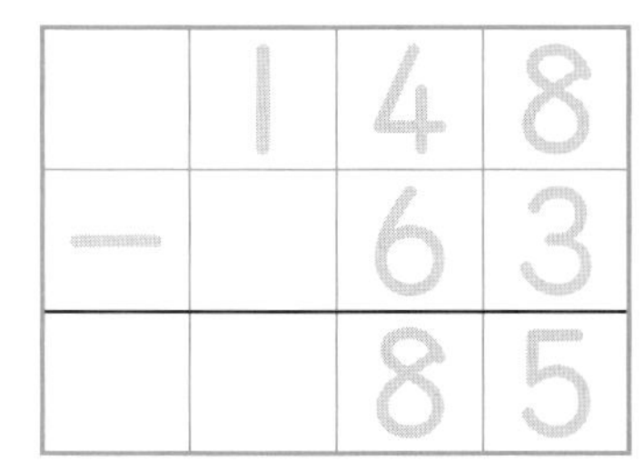

② 129－54

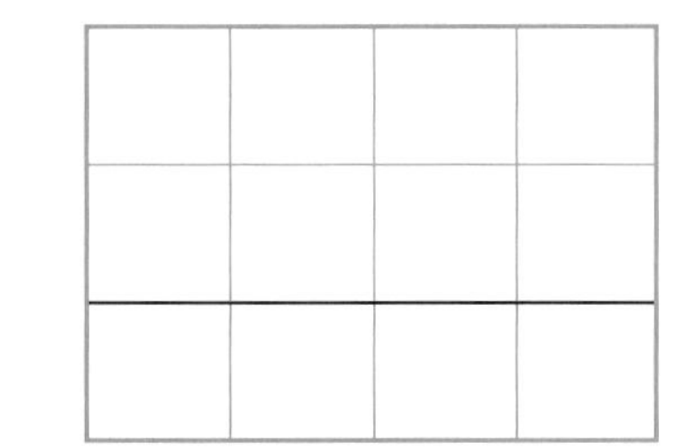

③ 166－72

まちがいちゅうい

④ 118－25

⑤ 108－63

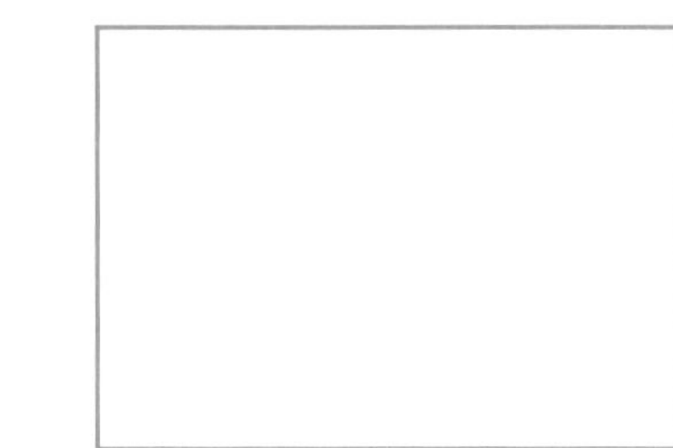

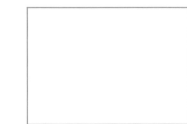

⑤　十のくらいは　10－6に　なるね。

ヒント　1 ②　一のくらいの　計算は　9－7＝2、十のくらいの　計算は　14－6＝8です。

がくしゅうび　月　日

37 十のくらい、百のくらいから くり下がる ひき算の ひっ算

答え 20ページ

れいだい

★153−68を　ひっ算で　しましょう。

とき方

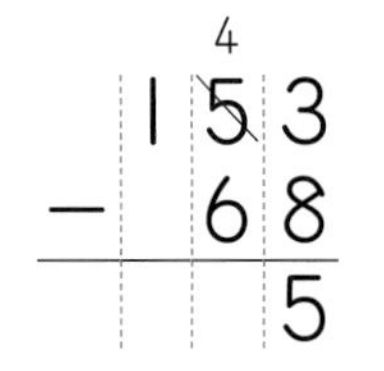

	1	5	3
−		6	8

くらいを　たてに　そろえて　かく。

→

	1	5	3
−		6	8
			5

一のくらいは　十のくらいから　1　くり下げて　13−8=5

→

	1	5	3
−		6	8
		8	5

十のくらいは　百のくらいから　1　くり下げて　14−6=8

◀くり下がりが　2回ある　ひき算では、十のくらいから　1　くり下げた　ことを　わすれないように　しましょう。

1 ひき算を　しましょう。

①

	1	2	4
−		5	8
		6	6

一のくらいは　14−8=6
十のくらいは　11−5=6

②

	1	3	2
−		7	6

③ 141 − 83

④ 162 − 67

⑤ 122 − 27

⑥ 193 − 94

2 ひっ算で　しましょう。

① 165−89

	1	6	5
−		8	9
		7	6

② 172−96

③ 123−45

④ 151−56

⑤ 184−87

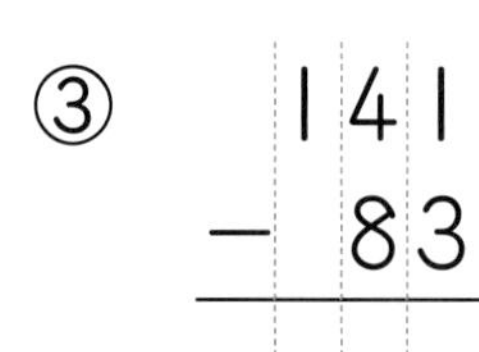

＋−計算に強くなる！×÷

十のくらいから　1　くり下げた　とき、1を　ひいた　数を　かいて　おこう。

1 ②　一のくらいの　計算は　12−6=6、十のくらいの　計算は　12−7=5 です。

がくしゅうび　　月　　日

38 一のくらい　または　十のくらいが　0の　数から　ひく　ひき算の　ひっ算

答え　20ページ

れいだい

★105－48を　ひっ算で　しましょう。

とき方

くらいを　たてに　そろえて　かく。→ 百のくらいから　1　くり下げて、十のくらいを　10にする。十のくらいから　1　くり下げて、15－8＝7 → 十のくらいは　9に　なったから　9－4＝5

105－48＝57

◀十のくらいが　0の　ひき算では、百のくらいから　1　くり下げて　十のくらいを　10に　して、十のくらいから　1　くり下げましょう。

1 ひき算を　しましょう。

① 101－24

一のくらいは　11－4＝7
十のくらいは　9－2＝7

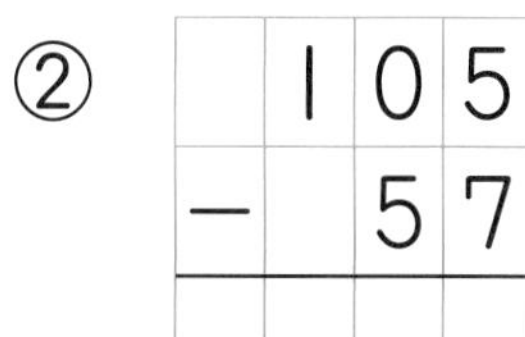

② 105－57

③ 104－38

④ 160－94

⑤ 110－66

⑥ 100－72

2 ひっ算で　しましょう。

① 107－68

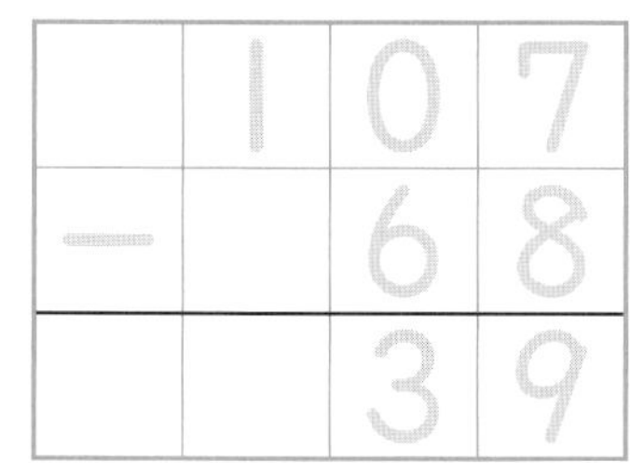

② 108－29

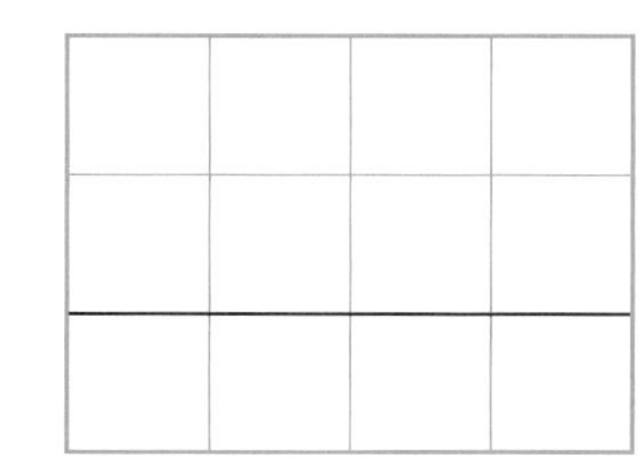

③ 180－97

④ 140－46

⑤ 100－43

百のくらいから　1　くり下げて、十のくらいを　10に　するよ。

ヒント　1 ② 十のくらいが　0の　ひき算では、百のくらいから　1　くり下げてから　一のくらいに　1　くり下げるので、十のくらいは　9に　なります。

がくしゅうび　月　日

39 3けたの　数の　たし算の　ひっ算

答え　21ページ

れいだい

★345＋29を　ひっ算で　しましょう。

とき方

$$\begin{array}{r} 345 \\ +\ \ 29 \\ \hline \end{array} \Rightarrow \begin{array}{r} 345 \\ +\ \ 29 \\ \hline 4 \end{array} \Rightarrow \begin{array}{r} 345 \\ +\ \ 29 \\ \hline 374 \end{array}$$

くらいを　たてに　そろえて　かく。

一のくらいの　たし算は　5＋9＝14　十のくらいに　1　くり上げる。

十のくらいの　たし算は　くり上げた　1とで　1＋4＋2＝7

◀たされる　数が　3けたに　なっても、一の　くらいから　じゅんに　たし算を　して　いきます。

1 たし算を　しましょう。

① 549＋18

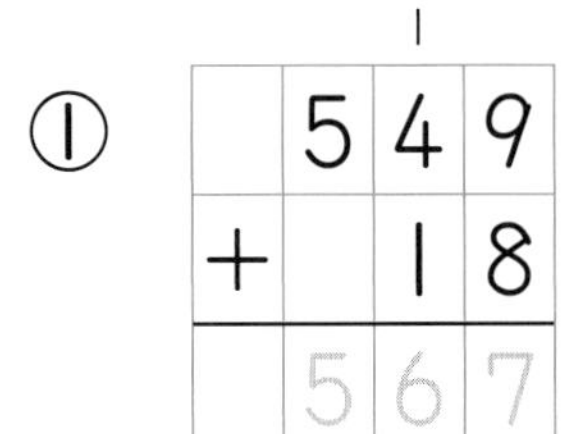

一のくらいは　9＋8＝17
十のくらいは　1＋4＋1＝6

② 738＋45

③ 256＋37

④ 326＋34

⑤ 813＋60

⑥ 158＋9

2 ひっ算で　しましょう。

① 418＋75

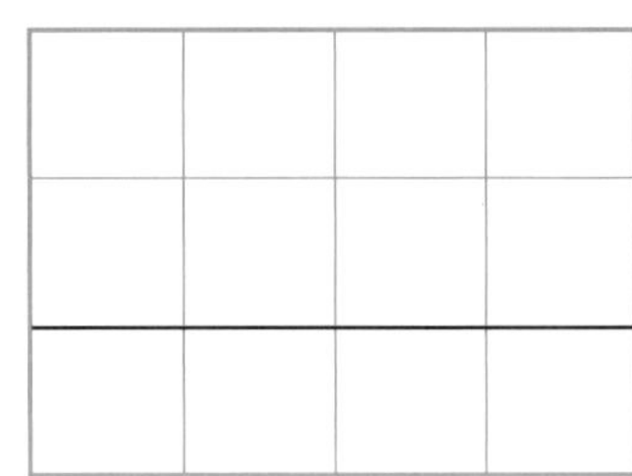

② 627＋49

③ 968＋26

④ 818＋62

⑤ 539＋5

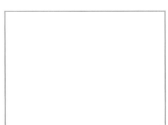

2けたの　たし算と　同じように　くり上げた　1を　わすれない　ように　しよう。

ヒント　1 ②　一のくらいの　計算は　8＋5＝13、十のくらいの　計算は　1＋3＋4＝8、百のくらいは　7を　そのまま　おろしましょう。

がくしゅうび　　月　　日

40 3けたの　数の　ひき算の　ひっ算

答え　21ページ

れいだい

★495－68を　ひっ算で　しましょう。

とき方

	4	9	5
－		6	8

くらいを　たてに　そろえて　かく。

→

	4	$\overset{8}{\cancel{9}}$	5
－		6	8
			7

一のくらいの　ひき算は　十のくらいから　1　くり下げて　15－8＝7

→

	4	$\overset{8}{\cancel{9}}$	5
－		6	8
	4	2	7

十のくらいの　ひき算は　8－6＝2

◀ひかれる　数が　3けたに　なっても、一の　くらいから　じゅんに　ひき算を　して　いきます。

1 ひき算を　しましょう。

①

	6	8	6
－		4	1
	6	4	5

②

	3	7	2
－		5	6

③

	9	8	1
－		6	8

④ 561 － 53

⑤ 824 － 24

⑥ 728 － 5

2 ひっ算で　しましょう。

① 364－28

	3	6	4
－		2	8
	3	3	6

② 573－49

③ 686－58

④ 245－39

まちがいちゅうい

⑤ 614－8

⑤　十のくらいは　1　くり下げるので　0に　なるよ。

ヒント　1 ②　一のくらいの　計算は　12－6＝6、十のくらいの　計算は　6－5＝1、百のくらいは　3を　そのまま　おろしましょう。

がくしゅうび　　月　　日

時間20分　　/100　　ごうかく80点

答え　22ページ

1 たし算を　しましょう。

1つ10点(50点)

① 62 + 73

② 38 + 96

③ 49 + 85

できたらスゴイ!

④ 33 + 67

⑤ 527 + 48

2 ひき算を　しましょう。

1つ10点(50点)

① 119 − 32

② 142 − 69

③ 152 − 87

できたらスゴイ!

④ 105 − 96

⑤ 132 − 39

がくしゅうび　月　日

たしかめのテスト 42 たし算と　ひき算の　ひっ算 2回目

時間20分　／100　ごうかく80点

答え 22ページ

1 たし算を　しましょう。　1つ10点(40点)

① $\begin{array}{r} 58 \\ +94 \\ \hline \end{array}$

② $\begin{array}{r} 34 \\ +86 \\ \hline \end{array}$

③ $\begin{array}{r} 78 \\ +25 \\ \hline \end{array}$

④ $\begin{array}{r} 334 \\ +\ 56 \\ \hline \end{array}$

2 ひき算を　しましょう。　1つ10点(40点)

① $\begin{array}{r} 124 \\ -\ 57 \\ \hline \end{array}$

② $\begin{array}{r} 136 \\ -\ 48 \\ \hline \end{array}$

③ $\begin{array}{r} 103 \\ -\ 84 \\ \hline \end{array}$

④ $\begin{array}{r} 563 \\ -\ 57 \\ \hline \end{array}$

できたらスゴイ!

3 ひっ算の　まちがいを　なおしましょう。　1つ10点(20点)

① $\begin{array}{r} 16 \\ +89 \\ \hline 915 \end{array}$

② $\begin{array}{r} 103 \\ -\ 97 \\ \hline 16 \end{array}$

がくしゅうび　　月　　日

43 しきと　計算

答え　23ページ

れいだい

★18+7+3を　計算(けいさん)しましょう。

とき方　18+(7+3)として　計算します。

18+(7+3) ➡ 18+10

18+10=28

(　)の　中は、さきに　計算します。
7+3を　さきに　計算すると　かんたんにできます。

1 計算を　しましょう。

① 14+(8+2)=24　（10）

② 35+(3+2)

③ 36+(9+1)

④ 48+(17+3)

⑤ 29+(28+2)

2 (　　)を　つかった　しきに　しましょう。

① 7+14+6=7+(14+6)

② 9+48+2=9+(　+　)

③ 45+7+23=45+(　+　)

まちがいちゅうい

④ 40+59+1=40+(　+　)

(　)を　うまく
つかうと
かんたんな
計算に　なるね。

ヒント　2 たす　じゅんじょを　かえても、答(こた)えは　同(おな)じに　なります。かんたんに　計算できるように　まとめましょう。

44 しきと　計算

答え　23ページ

1 計算を　しましょう。

1つ8点(40点)

① 65+(4+1)

② 29+(7+3)

③ 73+(8+2)

④ 16+(38+2)

できたらスゴイ!

⑤ 20+(78+2)

2 (　　)を　つかった　しきに　しましょう。

□1つ6点(60点)

① 13+18+2=13+(□+□)

② 9+45+5=9+(□+□)

③ 26+28+2=26+(□+□)

④ 49+8+42=49+(□+□)

⑤ 55+9+11=55+(□+□)

がくしゅうび　月　日

45 かけ算の　しき

答え 24ページ

れいだい

★ボールは　ぜんぶで　何(なん)こ　ありますか。かけ算(ざん)の　しきに　かいて、もとめましょう。

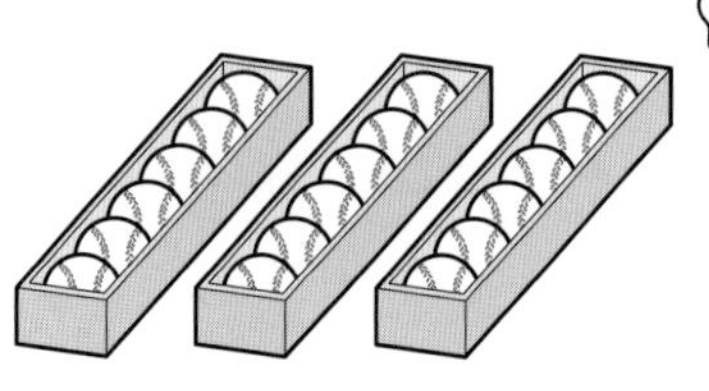

とき方　6この　3つ分(ぶん)だから、
しきは　6×3　と　かけます。
6この　3つ分は 6+6+6=18 で、
18こ　です。しき　6×3　答(こた)え　18こ

◀6この　3つ分のことを　6×3　と　かき「6かける3」と　よみます。
6×3のような　計算(けいさん)を　かけ算と　いいます。

1 かけ算の　しきに　かいて、いくつ　あるか　もとめましょう。

①

4+4+4=12

しき　4×3

答え（12こ）

②

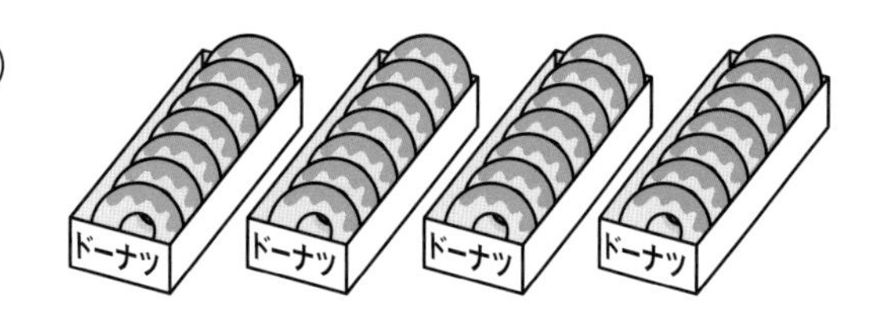

しき

答え（　　）

2 かけ算の　しきに　かいて　答えを　もとめましょう。

① 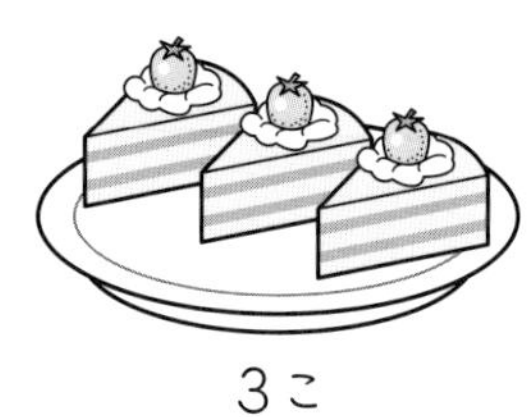 の　4ばい

3こ

3+3+3+3=12

しき　3×4

答え（12こ）

② 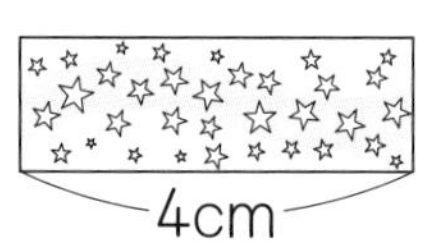 の　6ばい

4cm

6ばいは
×6　だね。

しき

答え（　　）

ヒント　「×」は　かけると　いいます。(1つ分の　数)×(いくつ分)=(ぜんぶの　数)です。

46 5のだんの　九九

がくしゅうび　　月　　日

答え　24ページ

れいだい

★5×3を　もとめましょう。

とき方　5この　3つ分(ぶん)と　考(かんが)えると、
5+5+5=15に　なります。
5×3を　五三(ごさん)　15と　いい、このような
いいかたを、九九(くく)と　いいます。

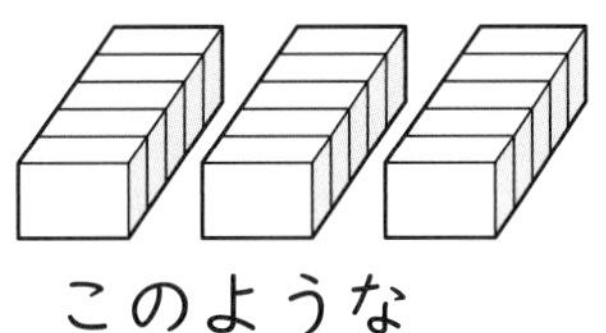

◀5の　かたまりが　いくつ分か　あるときには、5のだんの　九九が　つかえる　ことが　わかります。

1 かけ算(ざん)を　しましょう。

① 5×8=［40］
5+5+5+5+5+5+5+5=40

② 5×5

③ 5×7

④ 5×2

⑤ 5×1

⑥ 5×9

⑦ 5×4

⑧ 5×6

5のだんの
九九を
おぼえよう。

2 かけ算の　答(こた)えと　あう　カードを、———で　むすびましょう。

5×7	5×3	5×4	5×6
35	30	15	20

ヒント　五一(ごいち)が　5、五二(ごに)　10、五三(ごさん)　15、五四(ごし)　20、五五(ごご)　25、……。

がくしゅうび　　月　　日

47 2のだんの　九九

答え　25ページ

れいだい

★2×4を　もとめましょう。

とき方　2この　4つ分と　考えると、
2＋2＋2＋2＝8に　なります。
二四が　8と　おぼえて　おこう。

◀2の　かたまりが　いくつ分か　あるときには、2のだんの　九九が　つかえます。

1 かけ算を　しましょう。

① 2×5＝10
2+2+2+2+2=10

② 2×7

③ 2×1

④ 2×9

⑤ 2×6

⑥ 2×8

⑦ 2×2

⑧ 2×3

2のだんの　九九を
おぼえて　おこう。

2 かけ算の　答えと　あう　カードを、―――で　むすびましょう。

2×7	2×3	2×5	2×9
6	14	18	10

ヒント　二一が　2、二二が　4、二三が　6、二四が　8、二五　10、……。

48 3のだんの　九九

がくしゅうび　　月　　日

答え 25ページ

れいだい

★3×5を　もとめましょう。

とき方 3本の　5つ分と　考えると、

3+3+3+3+3=15に　なります。

三五　15と　おぼえて　おこう。

◀3の　かたまりが　いくつ分か　あるときには、3のだんの　九九が　つかえます。

1 かけ算を　しましょう。

① 3×4=12
3+3+3+3=12

② 3×9

③ 3×1

④ 3×3

⑤ 3×6

⑥ 3×7

⑦ 3×2

⑧ 3×8

3のだんの
九九を
つかえるように
して　おこう。

2 かけ算の　答えと　あう　カードを、———で　むすびましょう。

3×6	3×2	3×4	3×9
12	27	18	6

ヒント 三一が　3、三二が　6、三三が　9、三四　12、三五　15、……。

がくしゅうび　月　日

49 4のだんの　九九

答え 26ページ

れいだい

★4×6を　もとめましょう。

とき方　4この　6つ分と　考えると、
4＋4＋4＋4＋4＋4＝24に
なります。
四六　24と　おぼえて　おこう。

◀4の　かたまりが　いくつ分か　あるときには、4のだんの　九九が　つかえます。

1 かけ算を　しましょう。

① 4×5＝ 20
4＋4＋4＋4＋4＝20

② 4×2

③ 4×9

④ 4×3

⑤ 4×7

⑥ 4×1

⑦ 4×8

⑧ 4×4

4のだんの
九九を
つかえるように
しよう。

2 かけ算の　答えと　あう　カードを、———で　むすびましょう。

4×3	4×7	4×4	4×8
28	32	12	16

ヒント　四一が　4、四二が　8、四三　12、四四　16、四五　20、……。

がくしゅうび　月　日

50 九九の　れんしゅう(1)

答え　26ページ

れいだい

★九九(くく)の　カードの　答(こた)えを　もとめましょう。

4×6

とき方　4のだんの　九九から、4×1=4、4×2=8、4×3=12、4×4=16、4×5=20、4×6=24、4×7=28、4×8=32、4×9=36です。うらの　答えは　24

◀九九の　カードの　答えが　すぐに　わかるように　れんしゅうして　おきましょう。

1 つぎの　九九の　カードの　答えを　もとめましょう。

① 3×8　（ 24 ）

② 2×7　（　　）

③ 4×7　（　　）

④ 5×9　（　　）

⑤ 2×3　（　　）

⑥ 5×3　（　　）

⑦ 3×6　（　　）

⑧ 4×3　（　　）

⑨ 2×2　（　　）

＋－ 計算に強くなる！ ×÷

2×6=12、3×4=12、4×3=12のように　同(おな)じ　数(かず)に　なる　九九を　おぼえて　おこう。

ヒント　5のだん、2のだん、3のだん、4のだんの　それぞれの　だんの　九九を　すぐに　いえるように　して　おきましょう。

がくしゅうび　月　日

れんしゅう 51 九九の　れんしゅう(2)

答え　27ページ

れいだい

★みんなで　何こに　なりますか。

とき方　何この　いくつ分かを考えます。
4この　5つ分だから、
4×5に　なります。
しきは　4×5=20　20こ

◀みんなで　何こ　あるかを　もとめるには、何この　いくつ分かを考えて、かけ算の　しきに　あらわします。

1 みんなで　何こに　なりますか。
かけ算の　しきに　かいて　答えを　もとめましょう。

①
しき　3×6=18
答え（18こ）

②
しき
答え（　　）

③
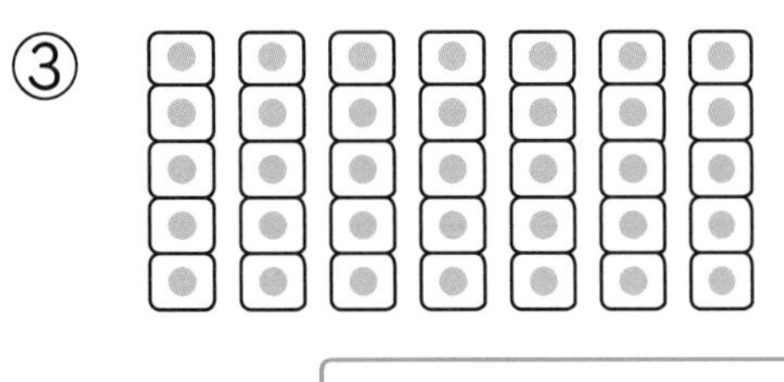
しき
答え（　　）

④
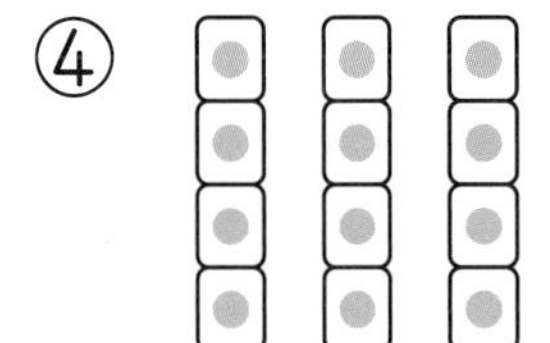
しき
答え（　　）

⑤
しき
答え（　　）

1つ分の　数が　わかり、
いくつ分　あるかが
わかれば　九九が　つかえるね。

ヒント　**1** ②　1つ分の　数は　2で、その　8つ分です。

がくしゅうび　　月　　日

52 九九の　れんしゅう(3)

答え　27ページ

れいだい

★□に　あてはまる　数(かず)を　もとめましょう。

5×□=40

とき方 5のだんの　九九(くく)から、5×1=5、5×2=10、5×3=15、5×4=20、5×5=25、5×6=30、5×7=35、5×8=40、5×9=45 より、□に　あてはまる　数は　8

◀かけ算(ざん)の　九九の　答(こた)えから、あてはまる　九九が　みつけられるように　しっかりと　おぼえて　おこう。

1 □に　あてはまる　数を　もとめましょう。

① 4×□=20

4×1=4、4×2=8、4×3=12、4×4=16、4×5=20、4×6=24、……

（　5　）

② 2×□=12

（　　　）

③ 3×□=21

（　　　）

④ 5×□=25

（　　　）

⑤ 2×□=18

（　　　）

⑥ 4×□=32

（　　　）

⑦ 5×□=35

（　　　）

⑧ 3×□=15

（　　　）

⑨ 2×□=16

（　　　）

⑩ 4×□=16

（　　　）

1 ②は　2のだんの　九九、③は　3のだんの　九九、④は　5のだんの　九九から　みつけましょう。

53 かけ算(1)

1回目

答え 28ページ

1 かけ算の しきに かいて、ぜんぶの 数を もとめましょう。

しき・答え 1つ10点(40点)

① 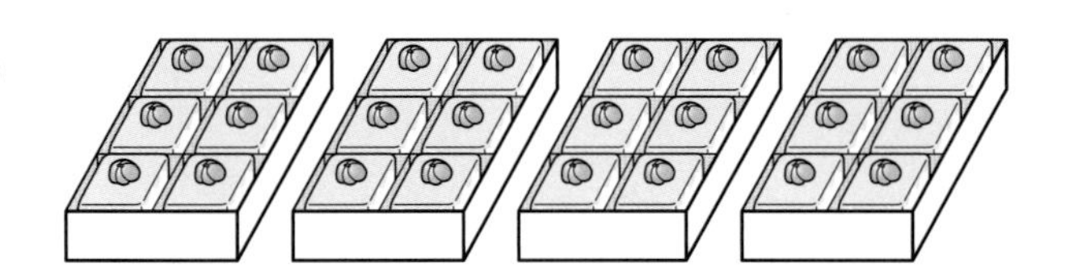

しき

答え (　　　)

② 

しき

答え (　　　)

2 かけ算を しましょう。

1つ10点(50点)

① 2×3

② 3×9

③ 4×7

④ 5×6

⑤ 5×9

できたらスゴイ!

3 活用 5のだん、2のだん、3のだん、4のだんの 九九で 答えが 12に なる しきを すべて かきましょう。 (10点)

(　　　)

月　日

54 かけ算(1) 2回目(かいめ)

答え 28ページ

1 いくつに　なりますか。答(こた)えを　もとめましょう。　1つ10点(20点)

① 9の　3ばい　(　　　)

② 7の　5ばい　(　　　)

2 かけ算(ざん)を　しましょう。　1つ10点(60点)

① 5×8

② 4×6

③ 3×7

④ 2×5

⑤ 4×9

⑥ 5×7

できたらスゴイ!

3 □に　あてはまる　数(かず)を　かきましょう。　1つ10点(20点)

① 3×□＝18

② □×5＝20

がくしゅうび　月　日

55 6のだんの　九九

答え　29ページ

れいだい

★6×3を　もとめましょう。

とき方　6この　3つ分と　考えると、
6+6+6=18に　なります。
六三　18と　おぼえて　おこう。

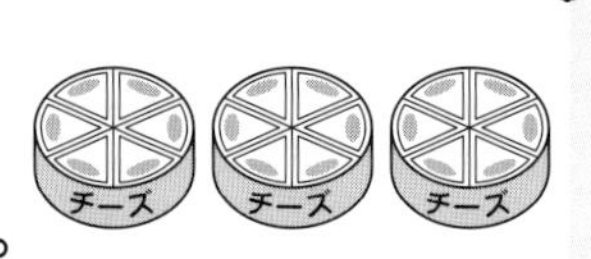

◀6の　かたまりが　いくつ分か　ある　ときには、6のだんの　九九が　つかえます。

1 かけ算を　しましょう。

① 6×4=24
6+6+6+6=24

② 6×6

③ 6×9

④ 6×1

⑤ 6×7

⑥ 6×8

⑦ 6×2

⑧ 6×5

6のだんの
九九を
おぼえて
おこう。

2 かけ算の　答えと　あう　カードを、――で　むすびましょう。

6×6	6×9	6×3	6×2
18	12	54	36

ヒント　六一が　6、六二　12、六三　18、六四　24、六五　30、……。

56 7のだんの　九九

答え　29ページ

れいだい

★7×4を　もとめましょう。

とき方　7人の　4台分と　考えると、
7+7+7+7=28に　なります。
七四　28と　おぼえて　おこう。

◀7の　かたまりが　いくつ分か　ある　ときには、7のだんの　九九が　つかえます。

1 かけ算を　しましょう。

① 7×5= 35
7+7+7+7+7=35

② 7×9

③ 7×2

④ 7×7

⑤ 7×3

⑥ 7×1

⑦ 7×6

⑧ 7×8

7のだんの
九九を
つかえるように
して　おこう。

2 かけ算の　答えと　あう　カードを、——で　むすびましょう。

7×4	7×2	7×6	7×8
42	14	28	56

ヒント　七一が　7、七二　14、七三　21、七四　28、七五　35、……。

がくしゅうび　月　日

れんしゅう 57 8のだんの　九九

答え　30ページ

れいだい

★8×5を　もとめましょう。

とき方　8cmの5つ分と　考えると、

8cm　8cm　8cm　8cm　8cm

8+8+8+8+8=40に　なります。

八五　40と　おぼえて　おこう。

◀8の　かたまりが　いくつ分か　ある　ときには、8のだんの九九が　つかえます。

1 かけ算を　しましょう。

① 8×4＝32

8+8+8+8=32

② 8×9

③ 8×1

④ 8×6

⑤ 8×3

⑥ 8×7

⑦ 8×8

⑧ 8×2

8のだんの
九九を
よく　おぼえて
おこう。

2 かけ算の　答えと　あう　カードを、———で　むすびましょう。

8×3	8×7	8×4	8×6
32	24	48	56

ヒント　八一が　8、八二　16、八三　24、八四　32、八五　40、……。

がくしゅうび　　月　　日

58 9のだんの　九九

答え　30ページ

れいだい

★9×6を　もとめましょう。

とき方　9こ の　6つ分(ぶん)と考(かんが)えると、
9+9+9+9+9+9=54に　なります。
九六(くろく)　54と　おぼえて　おこう。

◀9の　かたまりが　いくつ分か　ある　ときには、9のだんの九九(くく)が　つかえます。

1 かけ算(ざん)を　しましょう。

① 9×4=36
9+9+9+9=36

② 9×1

③ 9×9

④ 9×3

⑤ 9×5

⑥ 9×8

⑦ 9×2

⑧ 9×7

9のだんの
九九を
つかえるように
して　おこう。

2 かけ算の　答(こた)えと　あう　カードを、———で　むすびましょう。

9×8	9×3	9×6	9×4
・	・	・	・
・	・	・	・
72	36	27	54

ヒント　九一(くいち)が　9、九二(くに)　18、九三(くさん)　27、九四(くし)　36、九五(くご)　45、……。

59 1のだんの　九九

がくしゅうび　　月　　日

答え　31ページ

れいだい

★1×7を　もとめましょう。

とき方　1この　7つ分と　考えると、

1＋1＋1＋1＋1＋1＋1＝7に　なります。

一七が　7と　おぼえて　おこう。

◀1が　いくつ分か　ある　ときには、1のだんの　九九が　つかえます。

1 かけ算を　しましょう。

① 1×5＝5
1＋1＋1＋1＋1＝5

② 1×1

③ 1×3

④ 1×9

⑤ 1×4

⑥ 1×6

⑦ 1×8

⑧ 1×2

1のだんの　九九は
わかりやすいね。

2 かけ算の　答えと　あう　カードを、――で　むすびましょう。

1×3	1×8	1×2	1×9
8	2	3	9

ヒント　一一が　1、一二が　2、一三が　3、一四が　4、一五が　5、……。

がくしゅうび　月　日

60 九九の　れんしゅう(1)

答え　31ページ

れいだい

★九九(くく)の　カードの　答(こた)えを　もとめましょう。

8×7

とき方　8のだんの　九九から、8×1＝8、
8×2＝16、8×3＝24、8×4＝32、
8×5＝40、8×6＝48、8×7＝56、
8×8＝64、8×9＝72　です。
うらの　答えは　56

◀九九の　カードの　答えが　すぐに　わかるように　れんしゅうして　おきましょう。

1 つぎの　九九の　カードの　答えを　もとめましょう。

① 6×7　（ 42 ）

② 1×3　（　　）

③ 7×4　（　　）

④ 9×5　（　　）

⑤ 8×6　（　　）

⑥ 7×7　（　　）

⑦ 6×3　（　　）

⑧ 9×6　（　　）

⑨ 8×2　（　　）

＋－計算に強くなる！×÷

6×8、7×6、8×5、9×3、1×4と　きかれても　すぐに　答えられるように　して　おこう。

ヒント　6のだん、7のだん、8のだん、9のだん、1のだんの　九九も　すぐに　いえるように　して　おきましょう。

61 九九の　れんしゅう(2)

がくしゅうび　　月　　日

答え　32ページ

れいだい

★みんなで　何(なん)こに　なりますか。

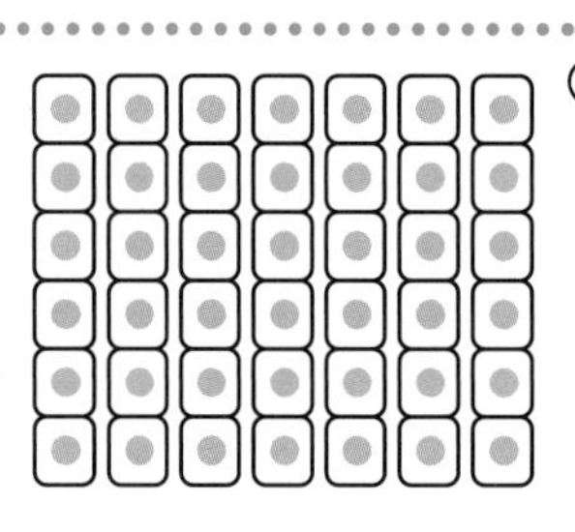

とき方　何この　いくつ分(ぶん)かを考(かんが)えます。6この　7つ分だから、6×7に　なります。

しきは　6×7＝42　　42こ

◀みんなで　何こあるかを　もとめるには、何この　いくつ分かを　考えて、かけ算(ざん)の　しきにあらわします。

1 みんなで　何こに　なりますか。かけ算の　しきに　かいて　答(こた)えを　もとめましょう。

①

しき　1×7＝7

答え（　　　）

②

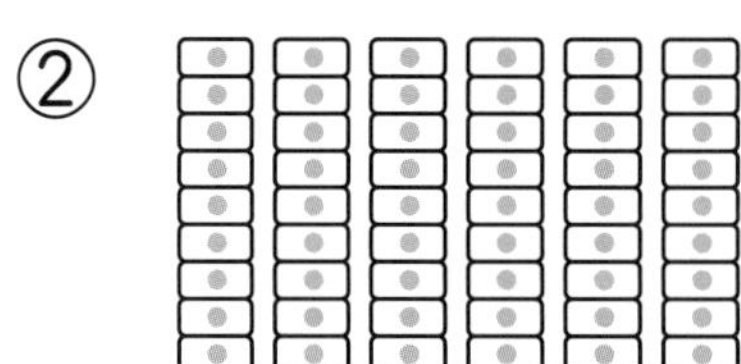

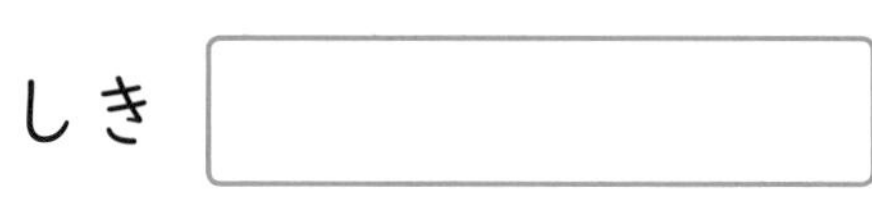

しき

答え（　　　）

③

しき

答え（　　　）

④

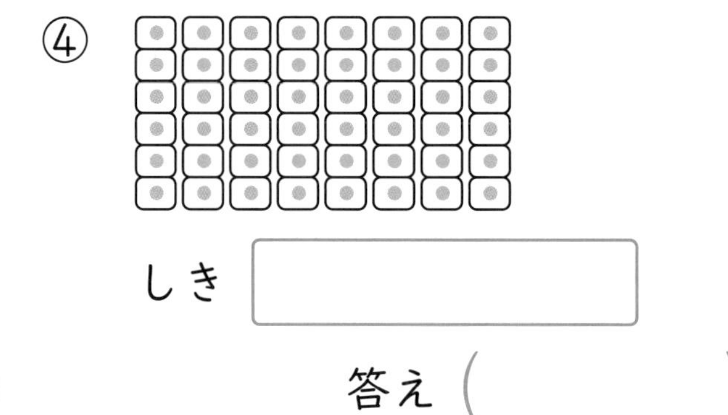

しき

答え（　　　）

⑤

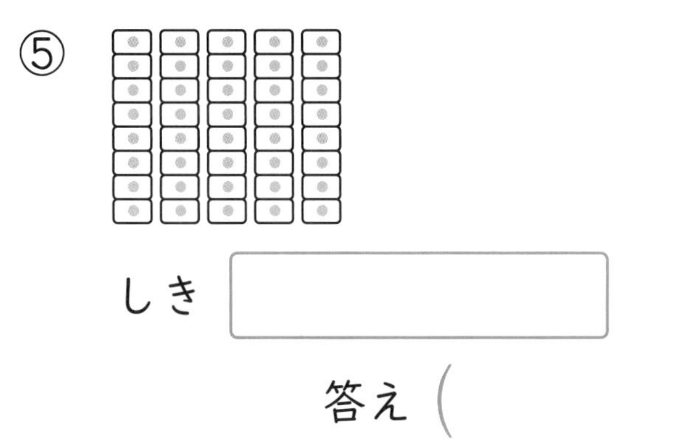

しき

答え（　　　）

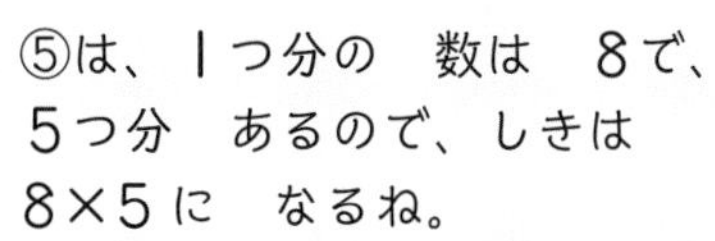

⑤は、1つ分の　数は　8で、
5つ分　あるので、しきは
8×5に　なるね。

ヒント　6こ、7こ、8こ、9こ、1こが　いくつ分　あるかで、九九(くく)を　つかって　何こに　なるかもとめましょう。

がくしゅうび　月　日

62 九九の　れんしゅう(3)

答え　32ページ

れいだい

★□に　あてはまる　数(かず)を　もとめましょう。

7×□＝42

とき方　7のだんの　九九(くく)から、7×1＝7、7×2＝14、7×3＝21、7×4＝28、7×5＝35、7×6＝42、7×7＝49、7×8＝56、7×9＝63

□に　あてはまる　数は　6

◀かけ算(ざん)の　九九の　答(こた)えから、あてはまる九九が　みつけられるように　九九を　しっかりと　おぼえて　おきましょう。

1 □に　あてはまる　数を　もとめましょう。

① 6×□＝24

6×1＝6、6×2＝12、6×3＝18、6×4＝24、6×5＝30、……

（　4　）

② 9×□＝72（　　）

③ 8×□＝48（　　）

④ 7×□＝35（　　）

⑤ 1×□＝9（　　）

⑥ 9×□＝27（　　）

⑦ 6×□＝36（　　）

⑧ 8×□＝32（　　）

⑨ 7×□＝56（　　）

⑩ 1×□＝6（　　）

1 ②は　9のだんの　九九、③は　8のだんの　九九、④は　7のだんの　九九、⑤は　1のだんの　九九から　みつけましょう。

がくしゅうび　月　日

時間 20 分　／100　ごうかく 80 点

63 かけ算(2)

1回目

答え 33ページ

1 かけ算を　しましょう。　1つ10点(80点)

① 9×3　② 6×7

③ 8×8　④ 1×4

⑤ 7×5　⑥ 9×6

⑦ 8×2　⑧ 7×9

2 9cmの　8ばいは　何cmですか。　(10点)

(　　　　)

できたらスゴイ!

3 ▣は　何こ　ありますか。　(10点)

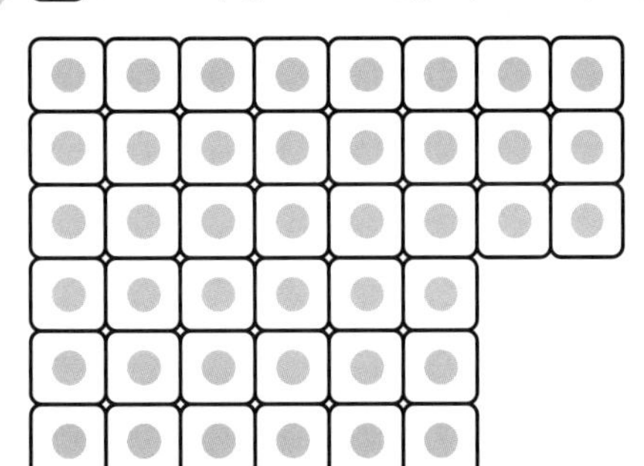

(　　　　)

がくしゅうび　月　日

たしかめのテスト 64 かけ算(2) 2回目

時間20分　／100　ごうかく80点

答え 33ページ

1 かけ算を　しましょう。

1つ10点(80点)

① 7×7　　② 1×8

③ 6×9　　④ 8×5

⑤ 9×4　　⑥ 6×3

⑦ 7×2　　⑧ 9×9

2 6Lの　6ばいは　何Lですか。

(10点)

(　　　　)

できたらスゴイ!

3 □は　何こ　ありますか。

(10点)

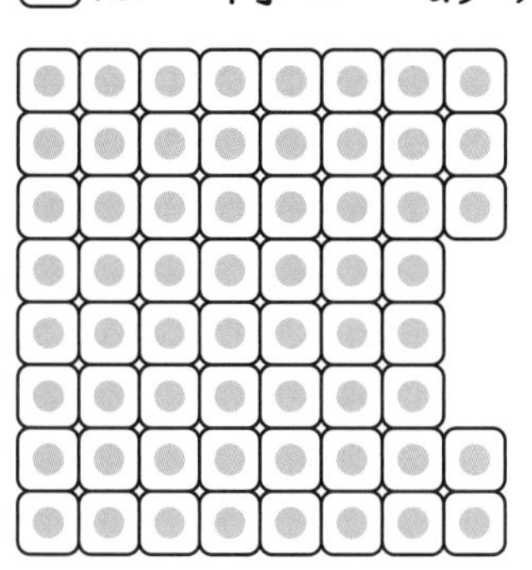

(　　　　)

がくしゅうび　　月　　日

65 九九の　ひょうと　きまり

答え　34ページ

れいだい

★□に　あてはまる　数(かず)を　かきましょう。

① 6×8＝6×7＋□　② 8×6＝6×□

とき方 ①　6×8＝48、6×7＝42 だから、
□の　数は　6

②　8×6＝48 で、答(こた)えが　同(おな)じ　48 に
なるのは　6×8 だから、
□の　数は　8

◀かけ算(ざん)の　九九(くく)では　かける数が　1　ふえると、答えは　かけられる数だけ　ふえます。また、かけられる数と　かける数を　入れかえて　計算(けいさん)しても、答えは　同じに　なります。

1 □に　あてはまる　数を　かきましょう。

① 5×5＝5×4＋□5
5×5＝25、5×4＝20、
20＋5＝25

② 2×9＝2×8＋□

③ 3×7＝3×6＋□

④ 7×7＝7×6＋□

⑤ 4×3＝4×2＋□

4×3＝12、
4×2＝8 から、
考(かんが)えよう。

2 □に　あてはまる　数を　かきましょう。

① 3×9＝9×□3

② 5×4＝□×5

③ 2×6＝6×□

④ 7×5＝□×7

⑤ 9×8＝8×□

かけられる数と　かける数を
入れかえても　答えは
同じだよ。

よくみて

3 答えが　24 に　なる　九九の　しきを、ぜんぶ　かきましょう。

（　　　　　　　　　　　　　　）

ヒント　3　しきは　4つ　あります。　かけられる数と　かける数を　入れかえて　さがして　みましょう。

がくしゅうび　月　日

66 かけ算を　広げて

答え　34ページ

れいだい

★3×12を　計算(けいさん)しましょう。

とき方　3×8＝24、
3×9＝24＋3＝27、
3×10＝27＋3＝30、
3×11＝30＋3＝33、
3×12＝33＋3＝36、または、3×12＝12×3
だから、12＋12＋12＝36

◀かける数(かず)が　9を　こえても、九九(くく)の　きまりを　うまく　つかえば　とけます。

1 つぎの　かけ算(ざん)の　答(こた)えを　もとめましょう。

① 5×13＝65　　② 6×14

・5×8＝40、5×9＝45、5×10＝50、5×11＝55、5×12＝60、5×13＝65
・5×13＝13×5、13＋13＋13＋13＋13＝65

③ 7×11　　④ 12×2

⑤ 13×4

⑤13×4＝4×13
4× 9＝36
4×10＝40
4×11＝44
4×12＝48
4×13＝52
に　なるね。

2 つぎの　かけ算の　答えを　くふうして　もとめましょう。

① 4×15＝60　　② 3×14

・15＝7＋8、4×7＝28、4×8＝32、28＋32＝60

③ 5×15　　④ 12×6

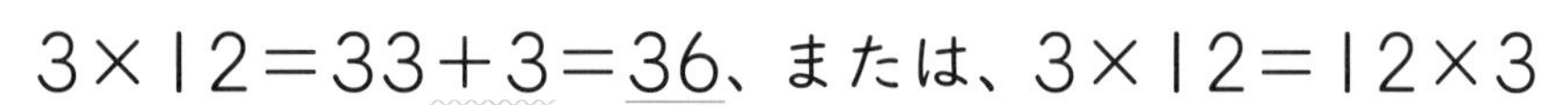

まちがいちゅうい

⑤ 18×6

12は　6と6
だから、
6×6＝36、
6×6＝36、
36＋36＝72
に　なるね。

ヒント　1 かけ算では、かける数が　1　ふえると　答えは　かけられる数だけ　ふえます。

67 九九の　きまり

がくしゅうび　　月　　日

答え　35 ページ

1 □に　あてはまる　数(かず)を　かきましょう。　1つ5点(40点)

① $7 \times 6 = 7 \times 5 + \square$　② $2 \times 6 = 2 \times 5 + \square$

③ $4 \times 8 = 4 \times 7 + \square$　④ $9 \times 3 = 9 \times 2 + \square$

⑤ $6 \times 4 = \square \times 6$　⑥ $5 \times 7 = \square \times 5$

⑦ $3 \times 5 = \square \times 3$　⑧ $8 \times 2 = \square \times 8$

2 つぎの　かけ算(ざん)の　答(こた)えを　もとめましょう。　1つ6点(30点)

① 2×14　② 8×11

③ 6×12　④ 14×4

⑤ 13×6

3 つぎの　もんだいに　答えましょう。

1つ6点(30点)

① 答えが　12に　なる　九九(くく)の　しきを、ぜんぶ　かきましょう。

(　　　　　　　　　　　　　　　　　　)

② 答えが　36に　なる　九九の　しきを、ぜんぶ　かきましょう。

(　　　　　　　　　　　　　　　　　　)

③ 7のだんの　九九で、かける数が　2　ふえると、答えは　いくつ　ふえるでしょう。

(　　　　)

④ 8のだんの　九九で、かける数が　3　ふえると、答えは　いくつ　ふえるでしょう。

(　　　　)

できたらスゴイ!

⑤ □に　あてはまる　数を　かきましょう。

$4 \times 6 = 6 \times 3 + \square$

がくしゅうび　　月　　日

68 計算の　ふくしゅうテスト②

1回目（かいめ）

本文 34〜69 ページ　答え 36 ページ

1 計算（けいさん）を　しましょう。

1つ6点(36点)

① $\begin{array}{r} 91 \\ +67 \\ \hline \end{array}$　② $\begin{array}{r} 48 \\ +35 \\ \hline \end{array}$　③ $\begin{array}{r} 239 \\ +\ 48 \\ \hline \end{array}$

④ $\begin{array}{r} 138 \\ -\ 62 \\ \hline \end{array}$　⑤ $\begin{array}{r} 103 \\ -\ 49 \\ \hline \end{array}$　⑥ $\begin{array}{r} 381 \\ -\ 58 \\ \hline \end{array}$

2 計算を　しましょう。

1つ6点(24点)

① $45+(4+1)$　② $26+(16+4)$

③ $18+(18+12)$　④ $19+(38+12)$

3 かけ算（ざん）を　しましょう。

1つ5点(40点)

① 5×4　② 2×8

③ 3×7　④ 4×6

⑤ 8×7　⑥ 6×9

⑦ 9×5　⑧ 2×14

計算の　ふくしゅうテスト②

2回目(かいめ)

がくしゅうび　月　日

時間30分　／100　ごうかく80点

本文　34〜69ページ　答え　36ページ

① 計算(けいさん)を　しましょう。

1つ6点(36点)

① $82 + 46$

② $59 + 47$

③ $312 + 58$

④ $119 - 73$

⑤ $125 - 59$

⑥ $513 - 5$

② 計算を　しましょう。

1つ6点(24点)

① $69+8+2$

② $37+18+2$

③ $59+3+27$

④ $26+46+4$

③ かけ算(ざん)を　しましょう。

1つ5点(40点)

① 6×3

② 2×7

③ 4×4

④ 7×5

⑤ 9×8

⑥ 3×6

⑦ 8×9

⑧ 5×12

70 100 cm を　こえる　長さ

答え 37 ページ

れいだい

★つぎの　計算(けいさん)を　しましょう。

① 1 m 30 cm＋20 cm　② 3 m 70 cm－10 cm

とき方 ① 同(おな)じ　たんいの　ところを　たします。

1 m 30 cm＋20 cm＝1 m 50 cm

② 同じ　たんいの　ところを　ひきます。

3 m 70 cm－10 cm＝3 m 60 cm

◀cm、mm の　ときの　ように、同じ　たんい　の　ところを　計算します。
1 m＝100 cm　です。

1 □に　あてはまる　数(かず)を　かきましょう。

① 2 m＝[200] cm　② 4 m 10 cm＝[　] cm

③ 500 cm＝[　] m　④ 382 cm＝[　] m [　] cm

2 長(なが)さの　計算を　しましょう。

① 1 m 20 cm＋40 cm＝1 m [　] cm

② 4 m＋70 cm

③ 3 m 80 cm＋2 m

④ 2 m 50 cm－20 cm

⑤ 3 m 60 cm－60 cm

⑥ 5 m 10 cm－1 m

cm どうし、m どうしの
同じ　たんいの　ところを
計算しよう。

ヒント 2 ②　4 m は　4 m 0 cm です。たとえば　1 m＋30 cm＝1 m 30 cm と　なります。

がくしゅうび　月　日

71 100 cm を　こえる　長さ

時間 20 分　／100　ごうかく 80 点

答え 37 ページ

1 □に　あてはまる　数(かず)を　かきましょう。　1つ10点(40点)

① 3 m＝□ cm

② 1 m 92 cm＝□ cm

③ 600 cm＝□ m

④ 205 cm＝□ m □ cm

2 長(なが)さの　計算(けいさん)を　しましょう。　1つ10点(60点)

① 2 m 80 cm＋10 cm

② 1 m＋30 cm

③ 4 m 70 cm＋2 m

④ 1 m 90 cm－70 cm

⑤ 2 m 30 cm－30 cm

⑥ 4 m 50 cm－3 m

がくしゅうび　月　日

れんしゅう 72 1000を　こえる　数

答え　38ページ

れいだい

★9900は　あと　いくつで　10000に　なりますか。

9600　9700　9800　9900　10000

とき方　上の　数(かず)の直線(ちょくせん)を　見ると、100ずつ　大きく　なって　います。
9900は　あと　100で　10000に　なります。

◀1000を　10こ　あつめた　数を　一万(いちまん)と　いい、10000と　かきます。数の直線を　見ると　わかりやすいです。

1 つぎの　もんだいに　答(こた)えましょう。

① 9990は　あと　いくつで　10000に　なりますか。

9960　9970　9980　9990　10000

（　10　）

② 10000より　100　小さい　数は　いくつですか。

（　　）

③ 10000より　20　小さい　数は　いくつですか。

（　　）

2 計算(けいさん)を　しましょう。

① 600＋700＝1300

100 100 100 100 100 100
＋
100 100 100 100 100 100 100

② 900＋200

③ 500＋800

④ 700＋900

⑤ 400＋900

⑥ 800＋800

⑦ 700＋300

よくみて
⑧ 1000＋500

ヒント　2 何百(なん)＋何百の　計算は　100の　まとまりを　考(かんが)えて　計算しましょう。

73 1000を こえる 数

答え 38ページ

1 □に あてはまる 数(かず)を かきましょう。

1つ5点(20点)

① 5700 5800 5900 □ 6100 6200

② 4960 4970 4980 □ 5000 5010

③ 9500 9600 9700 9800 □ 10000

④ 9750 9800 9850 9900 □ 10000

2 計算(けいさん)を しましょう。

1つ8点(80点)

① 300＋900　　② 800＋600

③ 400＋600　　④ 500＋700

⑤ 700＋700　　⑥ 300＋800

⑦ 600＋600　　⑧ 500＋900

できたらスゴイ!

⑨ 200＋800　　⑩ 900＋1000

がくしゅうび　　月　　日

れんしゅう 74 分　数

答え　39ページ

れいだい

★下の　テープの　大きさは　もとの　大きさの　いくつに　なりますか。

とき方　もとの　大きさを　同じ　大きさに　2つに　分けた　1つ分　だから　$\frac{1}{2}$

◀ $\frac{1}{2}$ は　二分の一とよみ、もとの　大きさを　同じ　大きさに　2つに　分けた　1つ分の　ことを　いいます。

1 つぎの　大きさは　もとの　大きさの　いくつに　なりますか。

① もとの　大きさを　同じ　大きさに　3つに　分けた　1つ分に　なって　いるね。

（ $\frac{1}{3}$ ）

②

（　　　）

2 つぎの　もんだいに　答えましょう。

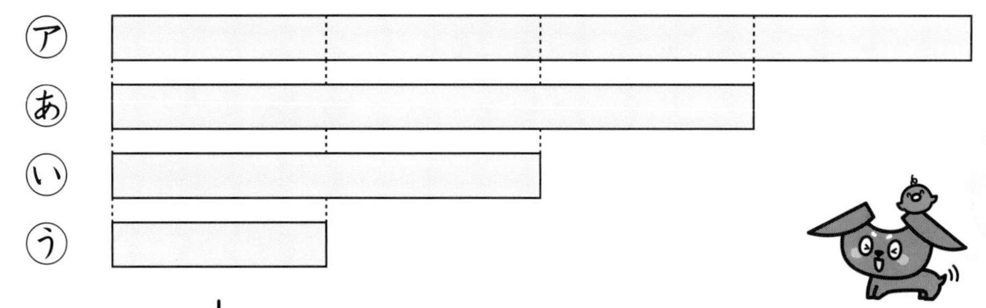

アの　大きさの　半分に　なって　いるのが　$\frac{1}{2}$ の　大きさだね。

① アの　$\frac{1}{2}$ の　大きさに　なって　いるのは　どれですか。

（ い ）

② アの　$\frac{1}{4}$ の　大きさに　なって　いるのは　どれですか。

（　　　）

よくみて

③ うの　大きさが　いくつ　あつまると　アの　大きさに　なりますか。

（　　　）

ヒント　2 ③　$\frac{1}{2}$ の　2つ分、$\frac{1}{4}$ の　4つ分は、もとの　大きさに　なります。

がくしゅうび　月　日

75 分数

時間20分　／100　ごうかく80点

答え 39ページ

1 つぎの　大きさに　色を　ぬりましょう。

1つ15点(60点)

① $\frac{1}{2}$

② $\frac{1}{3}$

③ $\frac{1}{4}$

④ $\frac{1}{8}$

2 つぎの　もんだいに　答えましょう。

1つ10点(40点)

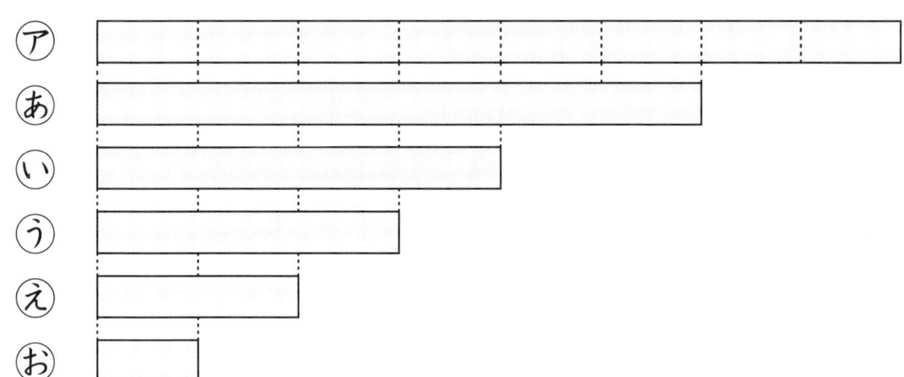

① ㋐の　$\frac{1}{2}$の　大きさに　なって　いるのは　どれですか。

(　　　)

② ㋐の　$\frac{1}{4}$の　大きさに　なって　いるのは　どれですか。

(　　　)

③ ㋐の　$\frac{1}{8}$の　大きさに　なって　いるのは　どれですか。

(　　　)

できたらスゴイ!

④ おの　大きさが　いくつ　あつまると　いの　大きさに　なりますか。

(　　　)

がくしゥうび　月　日

76 計算の　ふくしゅうテスト③

本文 72〜77 ページ　答え 40 ページ

1 長さの　計算を　しましょう。

1つ6点(60点)

① 2m 30 cm＋40 cm　② 1m 50 cm＋30 cm

③ 3m＋20 cm　④ 2m 60 cm＋5m

⑤ 1m 70 cm＋4m　⑥ 1m 80 cm−50 cm

⑦ 4m 50 cm−40 cm　⑧ 1m 50 cm−50 cm

⑨ 2m 30 cm−1m　⑩ 5m 10 cm−3m

2 計算を　しましょう。

1つ5点(40点)

① 400＋800　② 900＋800

③ 500＋500　④ 600＋900

⑤ 800＋700　⑥ 700＋400

⑦ 900＋100　⑧ 400＋1000

がくしゅうび　月　日

77 2年生の　計算の　まとめ 1回目

時間 20分　／100　ごうかく 80点

答え 40ページ

1 たし算を　しましょう。

1つ5点(30点)

① 64 +27

② 38 +42

③ 57 +35

④ 92 +43

⑤ 59 +75

⑥ 429 + 56

2 ひき算を　しましょう。

1つ5点(30点)

① 41 −18

② 80 −43

③ 62 − 7

④ 129 − 54

⑤ 101 − 29

⑥ 584 − 49

3 くふうして　計算を　しましょう。

1つ5点(20点)

① 48+5

② 52+8

③ 61−3

④ 40−6

4 かけ算を　しましょう。

1つ5点(20点)

① 6×9

② 8×7

③ 9×3

④ 5×4

78 2年生の　計算の　まとめ
2回目

がくしゅうび　　月　　日

時間 20 分　／100　ごうかく 80 点

答え 41 ページ

1 たし算を　しましょう。

1つ5点(30点)

① 78 ＋15

② 62 ＋28

③ 47 ＋49

④ 61 ＋85

⑤ 28 ＋96

⑥ 638 ＋ 47

2 ひき算を　しましょう。

1つ5点(30点)

① 52 －39

② 90 －37

③ 74 － 6

④ 117 － 63

⑤ 103 － 58

⑥ 392 － 74

3 くふうして　計算を　しましょう。

1つ5点(20点)

① 37＋6

② 68＋2

③ 52－4

④ 70－8

4 かけ算を　しましょう。

1つ5点(20点)

① 2×4

② 3×9

③ 7×6

④ 4×8

この 本の 終わりに ある「チャレンジテスト」を やって みよう！

6 時計(とけい)を　みて　答(こた)えましょう。

1つ3点(6点)

あ　い

① あの　時(じ)こくの　30分前(ぷんまえ)の時こくを　答えましょう。

(　　　　)

② あの　時こくから　いの　時こくまでの　時間(じかん)は、何(なん)時間何分(ぷん)ですか。

(　　　　)

7 2本の　テープが　あります。

しき・答え各3点(12点)

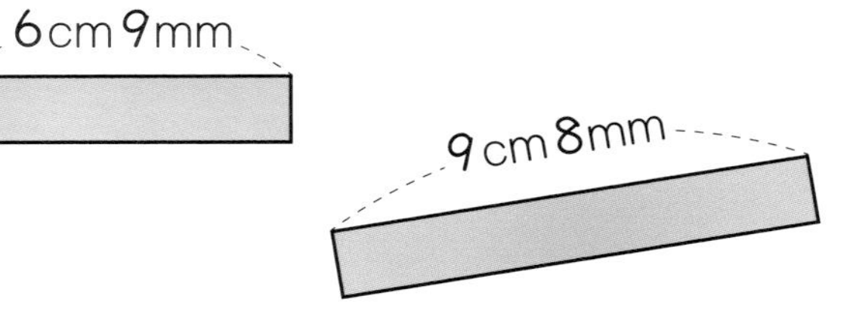

① 2本の　テープを　あわせると何cm何mmに　なりますか。

しき

答え(　　　　)

② 2本の　テープの　長(なが)さのちがいは　何cm何mmですか。

しき

答え(　　　　)

8 □に　あてはまる　数を　かきましょう。

1つ3点(12点)

① 7L＝□dL

② 86dL＝□L□dL

③ 2L＝□mL

④ 500mL＝□dL

9 くふうして　計算を　しましょう。

1つ4点(8点)

① 76＋9　② 54－6

10 □に　あてはまる　数を　ぜんぶ　かきましょう。

(ぜんぶできて　5点)

857 > 8□9

(　　　　)

（切り取り線）

2年 チャレンジテスト①

月　日

名前

時間 40分

ごうかく70点　／100

答え42ページ

1 つぎの 数を 数字で かきましょう。　1つ3点(9点)

① 100を 7こ、1を 2こ あわせた 数（　　　）

② 10を 83こ あつめた 数（　　　）

③ 1000より 50 小さい 数（　　　）

2 □に あてはまる ＞か ＜を かきましょう。　1つ4点(8点)

① 480 □ 200+300

② 901 □ 1000−100

3 □に あてはまる 数を かきましょう。　1つ4点(8点)

① 410－420－□－440

② 750－□－850－900

4 ひっ算で しましょう。　1つ3点(24点)

① 43+52　② 29+18

③ 85+93　④ 578+64

⑤ 136−85　⑥ 142−47

⑦ 107−68　⑧ 413−35

5 計算を しましょう。　1つ4点(8点)

① 25 + 37 + 62

② 56 + 49 + 78

うらにも もんだいが あります。

（切り取り線）

6 □に　あてはまる　数を　かきましょう。　1つ3点(6点)

① 3m 85cm＝□cm

② 604cm＝□m□cm

7 長(なが)さの　計算を　しましょう。　1つ3点(12点)

① 2m 30cm＋40cm

② 6m＋80cm

③ 5m 20cm－3m

④ 3m 70cm－70cm

8 □に　あてはまる　数を　かきましょう。　1つ3点(6点)

① 10000は、100を　□こ　あつめた　数です。

② 10000より　10　小さい　数は　□です。

9 色(いろ)の　ついた　ところは　もとの　大きさの　何分(なんぶん)の一ですか。　1つ3点(6点)

①

（　　　）

②

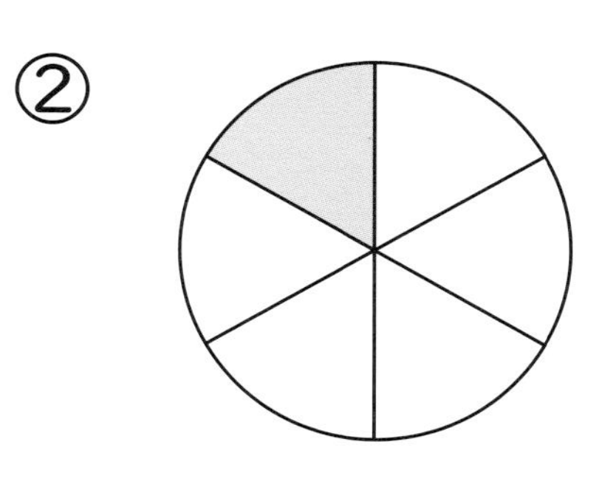

（　　　）

10 もとの　大きさの　$\frac{1}{3}$だけ　色を　ぬりましょう。　(3点)

11 ●は　何こ　ありますか。　しき・答え1つ2点(4点)

しき

答え（　　　）

(切り取り線)

2年 チャレンジテスト②

名前　　　月　　日

時間 40分　　ごうかく70点　　／100

答え44ページ

1 計算(けいさん)を　しましょう。　1つ3点(12点)

① 54+(6+4)

② 26+(15+5)

③ 39+(42+8)

④ 40+(37+23)

2 かけ算(ざん)を　しましょう。　1つ3点(24点)

① 3×7　　② 5×6

③ 6×4　　④ 2×8

⑤ 4×7　　⑥ 8×9

⑦ 7×6　　⑧ 9×9

3 □に　あてはまる　数(かず)を　かきましょう。　1つ3点(12点)

① 4×□=32

② 7×□=49

③ □×6=48

④ □×9=54

4 □に　あてはまる　数を　かきましょう。　1つ3点(9点)

① 4×6=4×5+□

② 8×7=7×□

③ 3×5=5×2+□

5 つぎの　かけ算の　答(こた)えを　もとめましょう。　1つ3点(6点)

① 4×12　　② 17×3

うらにも　もんだいが　あります。

(切り取り線)

教科書ぴったりトレーニング

丸つけラクラクかいとう

全教科書版 計算２年

この「丸つけラクラクかいとう」は
とりはずしておつかいください。

「丸つけラクラクかいとう」ではもんだいと同じしめんに、赤字で答えを書いています。

①もんだいがとけたら、まずは答え合わせをしましょう。

②まちがえたもんだいやわからなかったもんだいは、てびきを読んだり、教科書を読みかえしたりしてもういちど見直しましょう。

おうちのかたへ では、次のようなものを示しています。

- 学習のねらいやポイント
- 学習内容のつながり
- まちがいやすいことやつまずきやすいところ

お子様への説明や、学習内容の把握などにご活用ください。

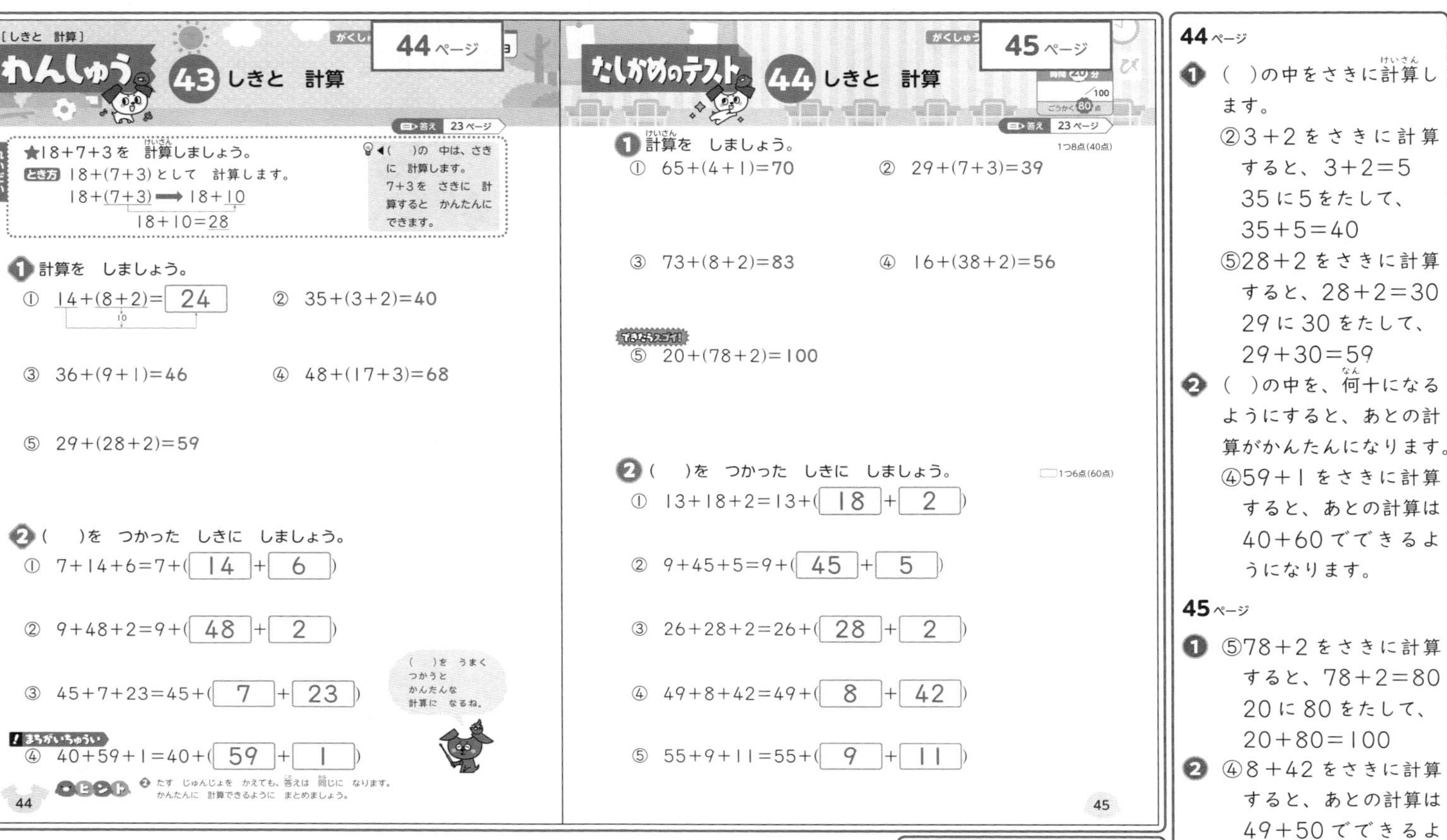

[しきと　計算]

れんしゅう 43 しきと　計算 44ページ

答え 23ページ

★18+7+3を　計算しましょう。

とき方 18+(7+3)として　計算します。

18+(7+3) ⟶ 18+10

18+10=28

（　）の 中は、さきに 計算します。7+3を さきに 計算すると かんたんに できます。

❶ 計算を　しましょう。

① 14+(8+2)=24　② 35+(3+2)=40

③ 36+(9+1)=46　④ 48+(17+3)=68

⑤ 29+(28+2)=59

❷（　）を　つかった　しきに　しましょう。

① 7+14+6=7+(14+6)

② 9+48+2=9+(48+2)

③ 45+7+23=45+(7+23)

④ 40+59+1=40+(59+1)

（　）を うまく つかうと かんたんな 計算に なるね。

ヒント ❷ たす じゅんじょを かえても、答えは 同じに なります。かんたんに 計算できるように まとめましょう。

44

たしかめのテスト 44 しきと　計算 45ページ

時間 20分　100　ごうかく 80点

答え 23ページ

❶ 計算を　しましょう。　1つ8点(40点)

① 65+(4+1)=70　② 29+(7+3)=39

③ 73+(8+2)=83　④ 16+(38+2)=56

⑤ 20+(78+2)=100

❷（　）を　つかった　しきに　しましょう。　1つ6点(60点)

① 13+18+2=13+(18+2)

② 9+45+5=9+(45+5)

③ 26+28+2=26+(28+2)

④ 49+8+42=49+(8+42)

⑤ 55+9+11=55+(9+11)

45

44ページ

❶（　）の中をさきに計算します。

②3＋2をさきに計算すると、3＋2＝5　35に5をたして、35＋5＝40

⑤28＋2をさきに計算すると、28＋2＝30　29に30をたして、29＋30＝59

❷（　）の中を、何十になるようにすると、あとの計算がかんたんになります。

④59＋1をさきに計算すると、あとの計算は40＋60でできるようになります。

45ページ

❶ ⑤78＋2をさきに計算すると、78＋2＝80　20に80をたして、20＋80＝100

❷ ④8＋42をさきに計算すると、あとの計算は49＋50でできるようになります。

おうちのかたへ

計算がしやすくなるように工夫することは、今後の学習でも大切です。

見やすい答え

おうちのかたへ

くわしいてびき

23

※紙面はイメージです。

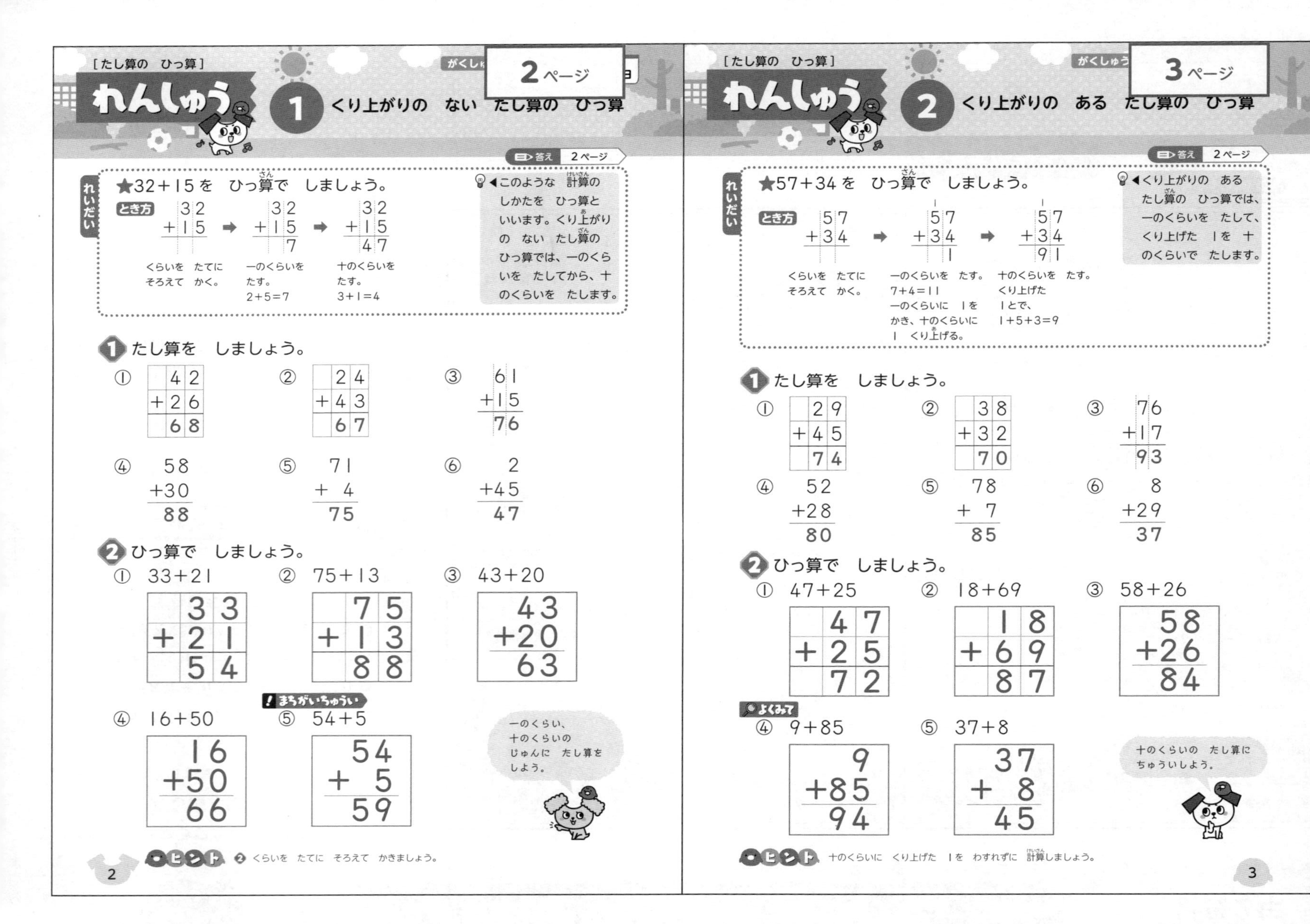

［たし算の　ひっ算］

れんしゅう 1 くり上がりの　ない　たし算の　ひっ算

2ページ

答え 2ページ

れいだい

★32＋15を　ひっ算で　しましょう。

とき方
$32+15$ → $32+15=\ 7$ → $32+15=47$

くらいを　たてに　そろえて　かく。 / 一のくらいを　たす。2＋5＝7 / 十のくらいを　たす。3＋1＝4

◀このような　計算の　しかたを　ひっ算と　いいます。くり上がりの　ない　たし算の　ひっ算では、一のくらいを　たしてから、十のくらいを　たします。

1 たし算を　しましょう。

① 42＋26＝68　② 24＋43＝67　③ 61＋15＝76

④ 58＋30＝88　⑤ 71＋4＝75　⑥ 2＋45＝47

2 ひっ算で　しましょう。

① 33＋21＝54　② 75＋13＝88　③ 43＋20＝63

④ 16＋50＝66　⑤ 54＋5＝59（まちがいちゅうい）

一のくらい、十のくらいの　じゅんに　たし算を　しよう。

ヒント ② くらいを　たてに　そろえて　かきましょう。

2

［たし算の　ひっ算］

れんしゅう 2 くり上がりの　ある　たし算の　ひっ算

3ページ

答え 2ページ

れいだい

★57＋34を　ひっ算で　しましょう。

とき方
$57+34$ → $57+34=\ 1$ → $57+34=91$

くらいを　たてに　そろえて　かく。 / 一のくらいを　たす。7＋4＝11　一のくらいに　1を　かき、十のくらいに　1　くり上げる。 / 十のくらいを　たす。くり上げた　1とで、1＋5＋3＝9

◀くり上がりの　ある　たし算の　ひっ算では、一のくらいを　たして、くり上げた　1を　十のくらいで　たします。

1 たし算を　しましょう。

① 29＋45＝74　② 38＋32＝70　③ 76＋17＝93

④ 52＋28＝80　⑤ 78＋7＝85　⑥ 8＋29＝37

2 ひっ算で　しましょう。

① 47＋25＝72　② 18＋69＝87　③ 58＋26＝84

④ 9＋85＝94（よくみて）　⑤ 37＋8＝45

十のくらいの　たし算に　ちゅういしよう。

ヒント 十のくらいに　くり上げた　1を　わすれずに　計算しましょう。

3

2ページ

1 たし算のひっ算では、一のくらいをたしてから、十のくらいをたします。

2 ひっ算では、くらいをたてにそろえてかきます。
⑤54＋5では、54の4の下に5をかきます。

3ページ

1 くり上がりのあるたし算のひっ算では、一のくらいをたして、くり上げた1を十のくらいでたします。
⑤はじめに、一のくらいをたして、8＋7＝15。一のくらいに5をかき、十のくらいに1をくり上げます。十のくらいは、くり上げた1とで、1＋7＝8

2 くらいをたてにそろえてかき、くり上がりに気をつけて、計算しましょう。

おうちのかたへ
たし算の筆算では、位をたてにそろえてかくこと、一の位から順に計算することが大切です。きちんとできているか確認してあげてください。

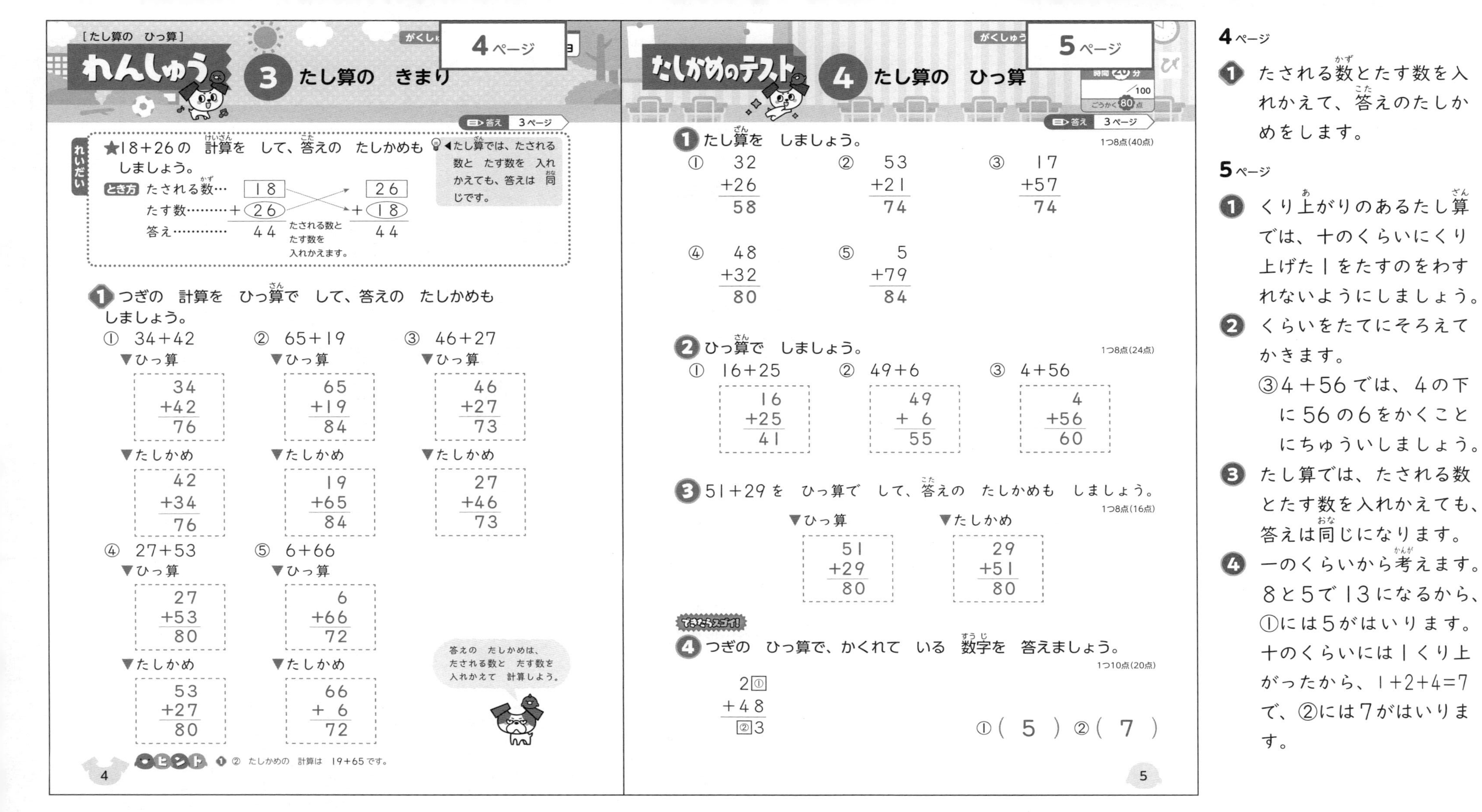

[たし算の　ひっ算]

れんしゅう　3　たし算の　きまり　4ページ

答え　3ページ

れいだい　★18+26の　計算を　して、答えの　たしかめも　しましょう。

とき方　たされる数…18　たす数…+26　答え…44　→　26　+18　44　たされる数と　たす数を　入れかえます。

◀たし算では、たされる数と　たす数を　入れかえても、答えは　同じです。

1 つぎの　計算を　ひっ算で　して、答えの　たしかめも　しましょう。

① 34+42　▼ひっ算　34 +42 76　▼たしかめ　42 +34 76

② 65+19　▼ひっ算　65 +19 84　▼たしかめ　19 +65 84

③ 46+27　▼ひっ算　46 +27 73　▼たしかめ　27 +46 73

④ 27+53　▼ひっ算　27 +53 80　▼たしかめ　53 +27 80

⑤ 6+66　▼ひっ算　6 +66 72　▼たしかめ　66 + 6 72

ヒント　1 ②　たしかめの　計算は　19+65です。

4

たしかめのテスト　4　たし算の　ひっ算　5ページ

時間20分　100　ごうかく80点

答え　3ページ

1 たし算を　しましょう。　1つ8点(40点)

① 32 +26 58　② 53 +21 74　③ 17 +57 74　④ 48 +32 80　⑤ 5 +79 84

2 ひっ算で　しましょう。　1つ8点(24点)

① 16+25　16 +25 41　② 49+6　49 + 6 55　③ 4+56　4 +56 60

3 51+29を　ひっ算で　して、答えの　たしかめも　しましょう。　1つ8点(16点)

▼ひっ算　51 +29 80　▼たしかめ　29 +51 80

できたらスゴイ!

4 つぎの　ひっ算で、かくれて　いる　数字を　答えましょう。　1つ10点(20点)

2① +48 ②3

①（ 5 ）②（ 7 ）

5

4ページ

❶ たされる数とたす数を入れかえて、答えのたしかめをします。

5ページ

❶ くり上がりのあるたし算では、十のくらいにくり上げた1をたすのをわすれないようにしましょう。

❷ くらいをたてにそろえてかきます。

③4＋56では、4の下に56の6をかくことにちゅういしましょう。

❸ たし算では、たされる数とたす数を入れかえても、答えは同じになります。

❹ 一のくらいから考えます。8と5で13になるから、①には5がはいります。十のくらいには1くり上がったから、1+2+4=7で、②には7がはいります。

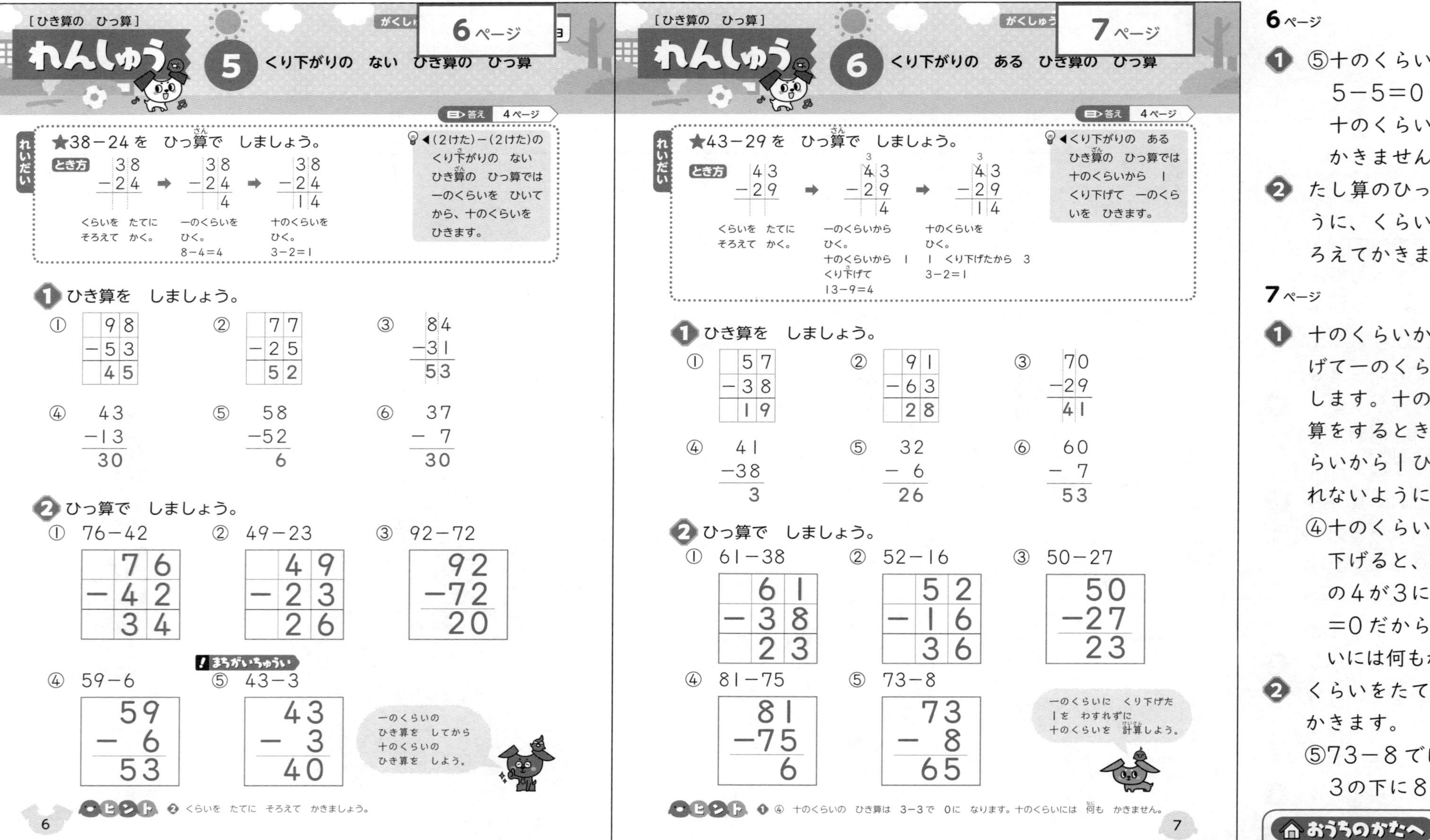

［ひき算の　ひっ算］

れんしゅう 5 くり下がりの　ない　ひき算の　ひっ算

6ページ

答え　4ページ

れいだい

★38－24を　ひっ算で　しましょう。

とき方

38 − 24 → 38 − 24 = 4 → 38 − 24 = 14

くらいを　たてに　そろえて　かく。

一のくらいを　ひく。8－4＝4

十のくらいを　ひく。3－2＝1

◀（2けた）－（2けた）の　くり下がりの　ない　ひき算の　ひっ算では　一のくらいを　ひいて　から、十のくらいを　ひきます。

❶ ひき算を　しましょう。

① 98－53＝45　② 77－25＝52　③ 84－31＝53

④ 43－13＝30　⑤ 58－52＝6　⑥ 37－7＝30

❷ ひっ算で　しましょう。

① 76－42＝34　② 49－23＝26　③ 92－72＝20

④ 59－6＝53　⑤ 43－3＝40（まちがいちゅうい）

ヒント ❷ くらいを　たてに　そろえて　かきましょう。

6

［ひき算の　ひっ算］

れんしゅう 6 くり下がりの　ある　ひき算の　ひっ算

7ページ

答え　4ページ

れいだい

★43－29を　ひっ算で　しましょう。

とき方

43 − 29 → 43 − 29 = 4 → 43 − 29 = 14

くらいを　たてに　そろえて　かく。

一のくらいから　ひく。十のくらいから　1　くり下げて　13－9＝4

十のくらいを　ひく。1　くり下げたから　3　3－2＝1

◀くり下がりの　ある　ひき算の　ひっ算では　十のくらいから　1　くり下げて　一のくらいを　ひきます。

❶ ひき算を　しましょう。

① 57－38＝19　② 91－63＝28　③ 70－29＝41

④ 41－38＝3　⑤ 32－6＝26　⑥ 60－7＝53

❷ ひっ算で　しましょう。

① 61－38＝23　② 52－16＝36　③ 50－27＝23

④ 81－75＝6　⑤ 73－8＝65

ヒント ❶ ④ 十のくらいの　ひき算は　3－3で　0に　なります。十のくらいには　何も　かきません。

7

6ページ

❶ ⑤十のくらいのひき算は、5－5＝0になるから、十のくらいには、何もかきません。

❷ たし算のひっ算と同じように、くらいをたてにそろえてかきます。

7ページ

❶ 十のくらいから1くり下げて一のくらいの計算をします。十のくらいの計算をするときは、十のくらいから1ひくのをわすれないようにしましょう。
④十のくらいから1くり下げると、十のくらいの4が3になり、3－3＝0だから、十のくらいには何もかきません。

❷ くらいをたてにそろえてかきます。
⑤73－8では、73の3の下に8をかきます。

おうちのかたへ
ひき算の筆算でも、位をたてにそろえてかくこと、一の位から順に計算することが大切です。きちんとできているか確認してあげてください。

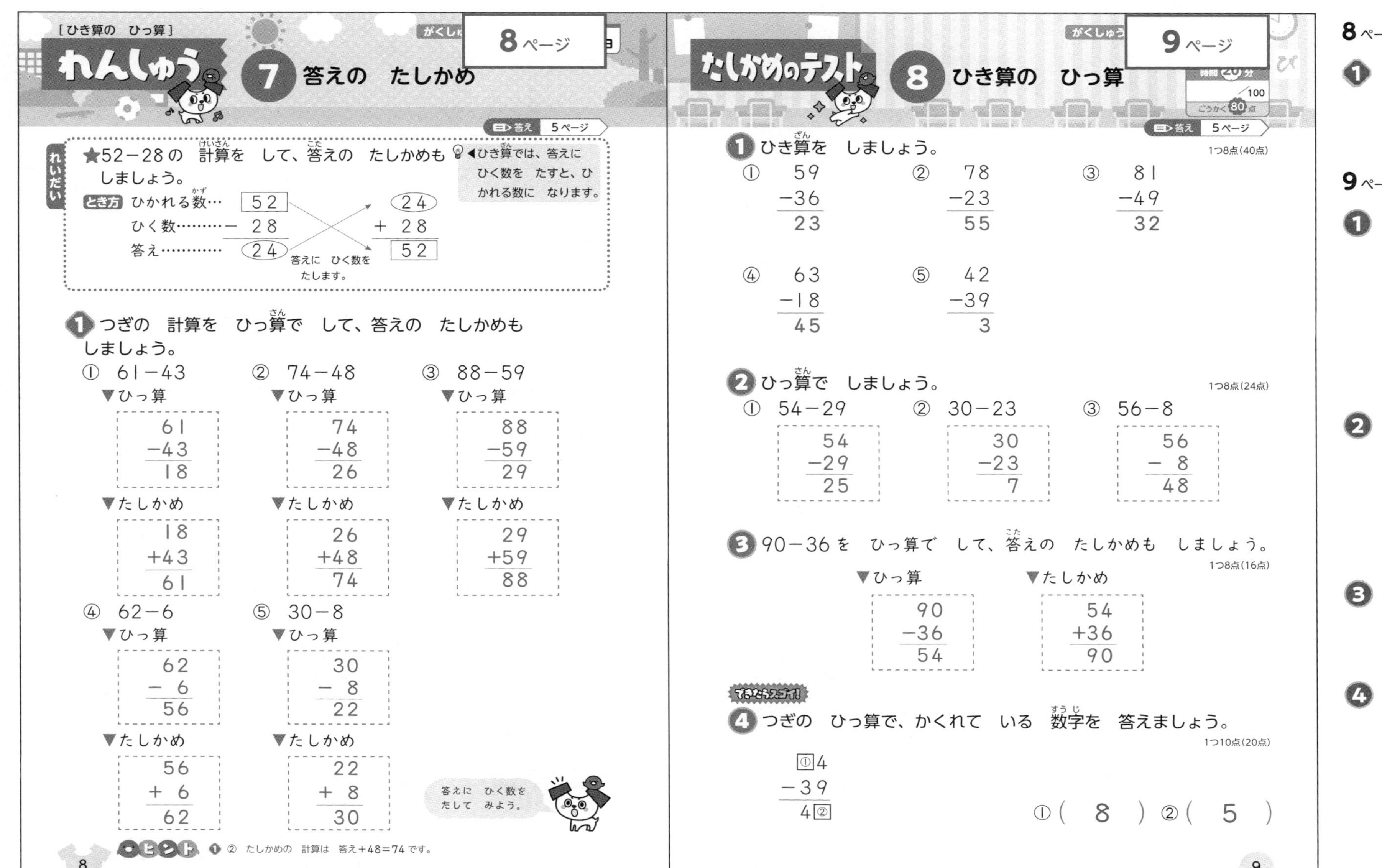
[ひき算の　ひっ算]

れんしゅう 7 答えの　たしかめ

8ページ

答え 5ページ

れいだい ★52−28の　計算を　して、答えの　たしかめも　しましょう。

とき方 ひかれる数…… 52　ひく数……… −28　答え………… 24

24 ＋28 = 52　答えに　ひく数を　たします。

◀ひき算では、答えに　ひく数を　たすと、ひかれる数に　なります。

1 つぎの　計算を　ひっ算で　して、答えの　たしかめも　しましょう。

① 61−43　▼ひっ算　61 −43 = 18　▼たしかめ　18 +43 = 61

② 74−48　▼ひっ算　74 −48 = 26　▼たしかめ　26 +48 = 74

③ 88−59　▼ひっ算　88 −59 = 29　▼たしかめ　29 +59 = 88

④ 62−6　▼ひっ算　62 − 6 = 56　▼たしかめ　56 + 6 = 62

⑤ 30−8　▼ひっ算　30 − 8 = 22　▼たしかめ　22 + 8 = 30

答えに　ひく数を　たして　みよう。

ヒント 1 ② たしかめの　計算は　答え+48=74 です。

8

たしかめのテスト 8 ひき算の　ひっ算

9ページ

時間 20分　100　ごうかく 80点

答え 5ページ

1 ひき算を　しましょう。　1つ8点(40点)

① 59 −36 = 23　② 78 −23 = 55　③ 81 −49 = 32　④ 63 −18 = 45　⑤ 42 −39 = 3

2 ひっ算で　しましょう。　1つ8点(24点)

① 54−29　54 −29 = 25　② 30−23　30 −23 = 7　③ 56−8　56 − 8 = 48

3 90−36を　ひっ算で　して、答えの　たしかめも　しましょう。　1つ8点(16点)

▼ひっ算　90 −36 = 54　▼たしかめ　54 +36 = 90

できたらスゴイ！

4 つぎの　ひっ算で、かくれて　いる　数字を　答えましょう。　1つ10点(20点)

①4 −39 = 4②

①（ 8 ）②（ 5 ）

9

8ページ

1 答えにひく数をたして、ひかれる数になっていれば、答えはあっています。

9ページ

1 ③、④、⑤のひっ算は、十のくらいから1くり下げて計算します。十のくらいの計算では、くり下げた1をひくのをわすれないようにしましょう。

2 くらいをたてにそろえてかきます。
③56−8では、56の6の下に8をかくことにちゅういしましょう。

3 たしかめの計算は、(答え)+36が90になればよいです。

4 一のくらいから考えます。4−9は計算できないから、十のくらいから1くり下げると、14−9=5より、②は5になります。十のくらいは、7−3=4で、くり下げた1をたして、①は8になります。

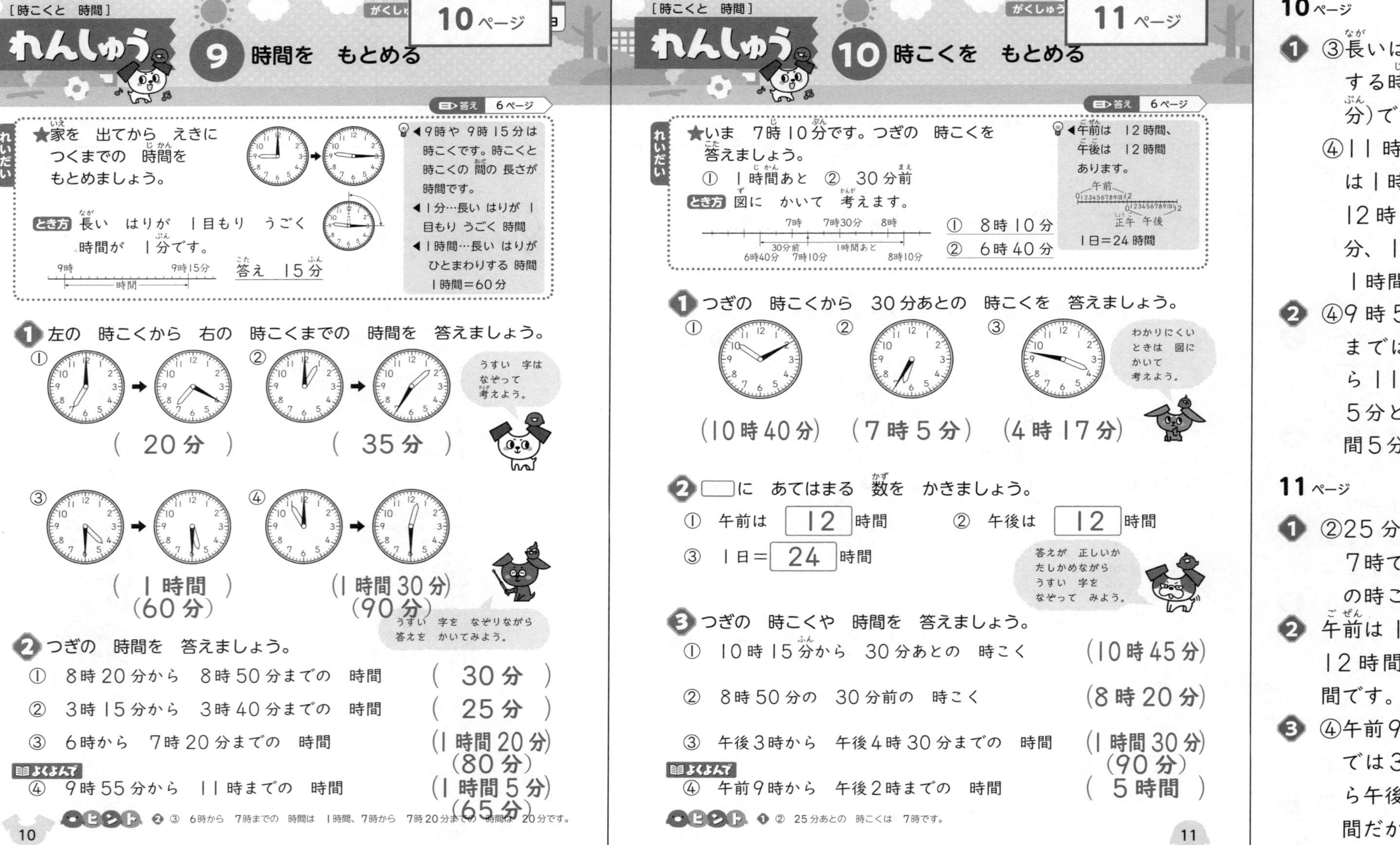

［時こくと　時間］
れんしゅう 9 時間を　もとめる
10ページ
答え 6ページ

れいだい
★家を　出てから　えきに　つくまでの　時間を　もとめましょう。

とき方　長い　はりが　１目もり　うごく　時間が　１分です。
9時　9時15分　時間
答え　15分

◀9時や 9時15分は 時こくです。時こくと 時こくの 間の 長さが 時間です。
◀1分…長い はりが 1目もり うごく 時間
◀1時間…長い はりが ひとまわりする 時間
1時間＝60分

1 左の　時こくから　右の　時こくまでの　時間を　答えましょう。
① （ 20分 ）
② （ 35分 ）
③ （ 1時間 (60分) ）
④ （ 1時間30分 (90分) ）

2 つぎの　時間を　答えましょう。
① 8時20分から　8時50分までの　時間　（ 30分 ）
② 3時15分から　3時40分までの　時間　（ 25分 ）
③ 6時から　7時20分までの　時間　（ 1時間20分 (80分) ）
よくよんで
④ 9時55分から　11時までの　時間　（ 1時間5分 (65分) ）

ヒント 2 ③ 6時から　7時までの　時間は　1時間、7時から　7時20分までの　時間は　20分です。

10

［時こくと　時間］
れんしゅう 10 時こくを　もとめる
11ページ
答え 6ページ

れいだい
★いま　7時10分です。つぎの　時こくを　答えましょう。
① 1時間あと　② 30分前
とき方　図に　かいて　考えます。
7時　7時30分　8時　30分前　1時間あと　6時40分　7時10分　8時10分
① 8時10分
② 6時40分

◀午前は　12時間、午後は　12時間　あります。
午前　正午　午後
1日＝24時間

1 つぎの　時こくから　30分あとの　時こくを　答えましょう。
① （10時40分）
② （7時5分）
③ （4時17分）

2 □に　あてはまる　数を　かきましょう。
① 午前は 12 時間　② 午後は 12 時間
③ 1日＝ 24 時間

3 つぎの　時こくや　時間を　答えましょう。
① 10時15分から　30分あとの　時こく　（10時45分）
② 8時50分の　30分前の　時こく　（8時20分）
③ 午後3時から　午後4時30分までの　時間　（1時間30分 (90分)）
よくよんで
④ 午前9時から　午後2時までの　時間　（ 5時間 ）

ヒント 1 ② 25分あとの　時こくは　7時です。

11

うすい　字は　なぞって　考えよう。
うすい　字を　なぞりながら　答えを　かいてみよう。
わかりにくい　ときは　図に　かいて　考えよう。
答えが　正しいか　たしかめながら　うすい　字を　なぞって　みよう。

10ページ

1 ③長いはりがひとまわりする時間が1時間（60分）です。

④11時から12時までは1時間、12時から12時30分までは30分、1時間と30分で、1時間30分です。

2 ④9時55分から10時までは5分、10時から11時までは1時間、5分と1時間で、1時間5分です。

11ページ

1 ②25分あとの時こくが7時で、その5分あとの時こくです。

2 午前は12時間、午後は12時間、1日は24時間です。

3 ④午前9時から12時までは3時間、12時から午後2時までは2時間だから、あわせて5時間になります。

おうちのかたへ
何分前、何分後という時刻のとらえ方ができるようにしましょう。

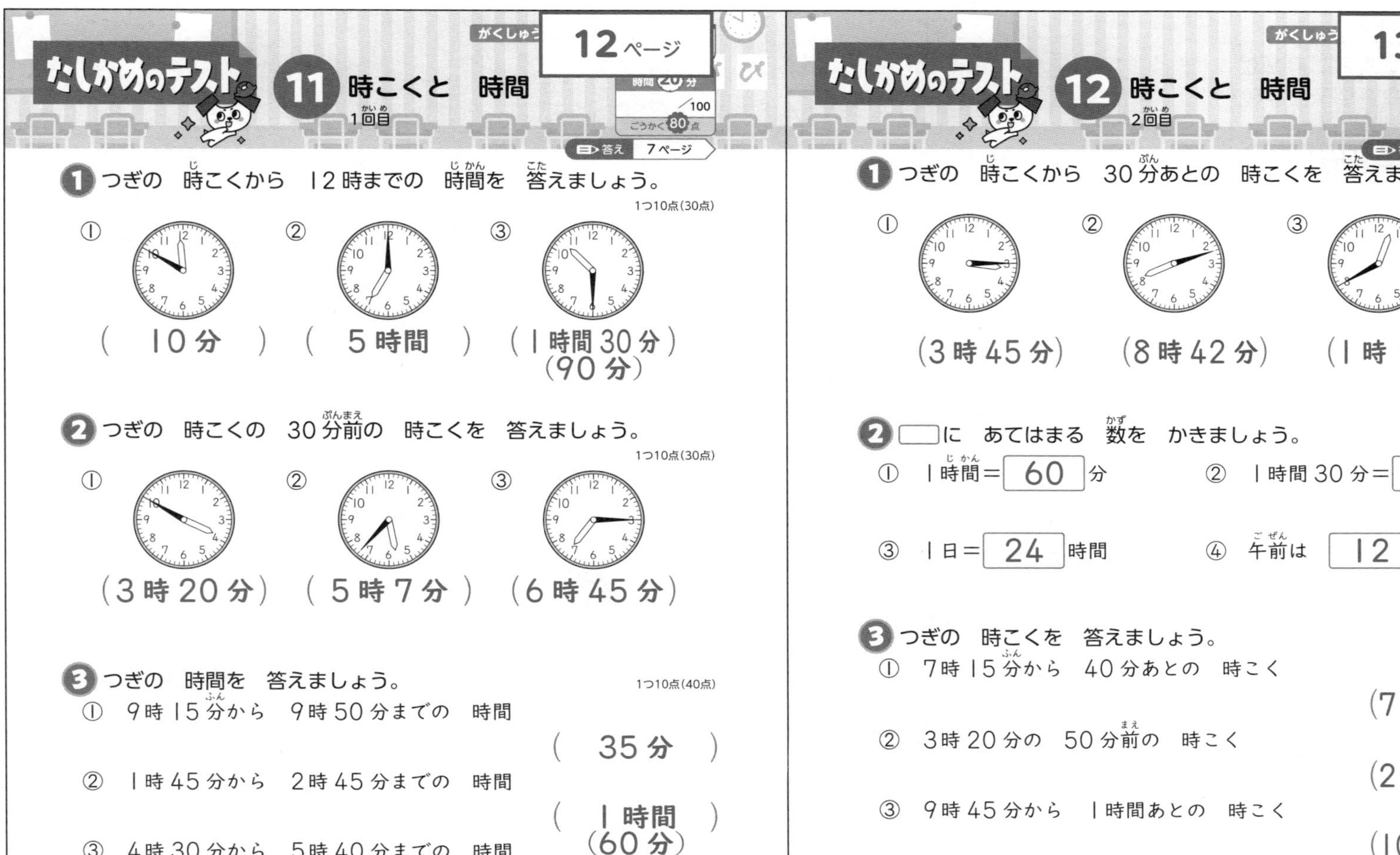

たしかめのテスト 11 時こくと 時間 1回目

12ページ

時間 20分 /100 ごうかく80点 答え 7ページ

1 つぎの 時こくから 12時までの 時間を 答えましょう。 1つ10点(30点)

① （ 10分 ） ② （ 5時間 ） ③ （1時間30分）（90分）

2 つぎの 時こくの 30分前の 時こくを 答えましょう。 1つ10点(30点)

① （3時20分） ② （5時7分） ③ （6時45分）

3 つぎの 時間を 答えましょう。 1つ10点(40点)

① 9時15分から 9時50分までの 時間 （ 35分 ）

② 1時45分から 2時45分までの 時間 （ 1時間 ）（60分）

③ 4時30分から 5時40分までの 時間 （1時間10分）（70分）

できたらスゴイ！

④ 6時55分から 9時までの 時間 （2時間5分）

12

たしかめのテスト 12 時こくと 時間 2回目

13ページ

時間 20分 /100 ごうかく80点 答え 7ページ

1 つぎの 時こくから 30分あとの 時こくを 答えましょう。 1つ9点(27点)

① （3時45分） ② （8時42分） ③ （1時10分）

2 □に あてはまる 数を かきましょう。 1つ7点(28点)

① 1時間＝ 60 分 ② 1時間30分＝ 90 分

③ 1日＝ 24 時間 ④ 午前は 12 時間

3 つぎの 時こくを 答えましょう。 1つ9点(45点)

① 7時15分から 40分あとの 時こく （7時55分）

② 3時20分の 50分前の 時こく （2時30分）

③ 9時45分から 1時間あとの 時こく （10時45分）

④ 10時32分の 1時間前の 時こく （9時32分）

できたらスゴイ！

⑤ 8時20分から 3時間あとの 時こく （11時20分）

13

12ページ

1 ①は11時50分、②は7時、③は10時30分をさしています。時間を答えるから、△分、○時間、○時間△分などと答えます。

2 ①は3時50分、②は5時37分、③は7時15分をさしています。時こくを答えるから、○時、○時△分などと答えます。

3 ④6時55分から7時までは5分、7時から9時までは2時間だから、あわせて2時間5分になります。

13ページ

1 ③12時40分から1時までは20分、それより10分あとの時こくです。

3 ②3時20分の20分前が3時、それより30分前の時こくです。

⑤8時20分の1時間あとの時こくは9時20分、2時間あとの時こくは10時20分というように考えます。

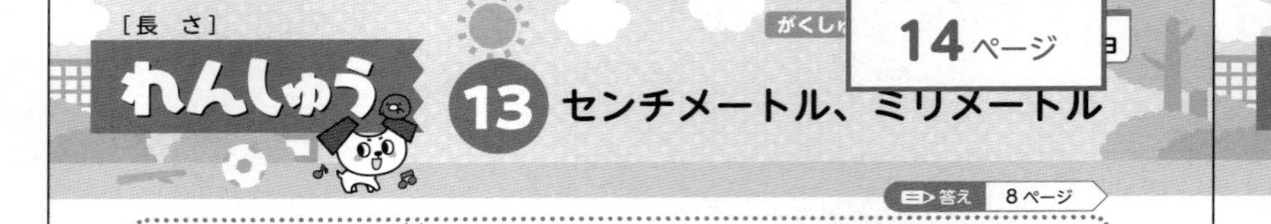

[長さ]

れんしゅう 13 センチメートル、ミリメートル

14ページ

答え 8ページ

れいだい

★7cm6mmは　何mmですか。

とき方　1cm=10mmだから、7cm=70mmです。
7cm　6mm=76mm
70mmと6mm

1cm　1mm

◀1cm=10mm　10mm=1cmと　おぼえて　おきましょう。76mmは、7cmと6mmです。

1 □に　あてはまる　数を　かきましょう。

① 2cm=[20]mm　② 3cm4mm=[34]mm

③ 5cm8mm=[58]mm　④ 6cm9mm=[69]mm

⑤ 8cm3mm=[83]mm

1cm=10mm
10mm=1cmの
かんけいを
つかえるように　しよう。

2 □に　あてはまる　数を　かきましょう。

① 40mm=[4]cm　② 98mm=[9]cm[8]mm

③ 24mm=[2]cm[4]mm　④ 35mm=[3]cm[5]mm

⑤ 78mm=[7]cm[8]mm

ヒント　2 ③ 24mmは、20mmと　4mmを　あわせた　長さです。

[長さ]

れんしゅう 14 長さの　たし算

15ページ

答え 8ページ

れいだい

★3cm6mm+4cmの　たし算を　しましょう。

とき方　3cm6mmと　4cmの　たし算では、同じたんいの　ところを　たします。
3cm6mm+4cm=7cm6mm

◀長さの　たし算では、同じ　たんいの　ところを　たします。
○cm + □cm△mm
cmどうしを　たします。

1 長さの　たし算を　しましょう。

① 2cm4mm+3cm=[5]cm[4]mm

② 5cm8mm+2cm=7cm8mm

③ 6cm3mm+7mm=7cm

④ 3cm6mm+9mm=4cm5mm

⑤ 7cm9mm+4mm=8cm3mm

同じ　たんいの
cm、mmの
ところを
たし算するよ。

2 長さの　たし算を　しましょう。

① 3cm+4cm8mm=[7]cm[8]mm

② 6cm+2cm5mm=8cm5mm

よくみて
③ 4mm+8cm6mm=9cm

④ 7mm+5cm4mm=6cm1mm

⑤ 8mm+3cm6mm=4cm4mm

ヒント　1 ③ 3mm+7mm=10mm(1cm)です。

おうちのかたへ
1cm=10mm、10mm=1cmの関係を使って、長さの単位の変換ができるようにしましょう。

14ページ

1 1cm=10mmをもとに考えます。
②3cmは30mmだから、30mmと4mmをあわせた長さになります。

2 10mm=1cmをもとに考えます。
②90mmは9cmだから、9cmと8mmになります。

15ページ

1 同じたんいのところをたし算します。
①、②はcmどうしをたします。
③、④、⑤はmmどうしをたします。
③3mm+7mm=10mmになるから、10mm=1cmより、7cmになります。
④6mm+9mm=15mm、15mm=1cm5mmだから、4cm5mmになります。
mmのたんいのたし算のくり上がりにちゅういしましょう。

15 長さの　ひき算

答え 9ページ

れいだい

★9cm6mm－2cmの　ひき算を　しましょう。

とき方　たし算と　同じように、同じ　たんいの　ところを　ひき算します。

9cm6mm－2cm＝7cm6mm

◀長さの　ひき算では、たし算と　同じように、同じ　たんいの　ところを　ひき算します。

1 長さの　ひき算を　しましょう。

① 6cm8mm－4cm＝［2］cm［8］mm

② 8cm3mm－5cm＝3cm3mm

③ 5cm9mm－2mm＝5cm7mm

④ 7cm8mm－6mm＝7cm2mm

⑤ 4cm3mm－3mm＝4cm

同じ　たんいの　cm、mmの　ところを　ひき算するよ。

2 長さの　ひき算を　しましょう。

① 3cm4mm－8mm＝［2］cm［6］mm

② 7cm3mm－5mm＝6cm8mm

③ 5cm1mm－7mm＝4cm4mm

④ 6cm2mm－9mm＝5cm3mm

まちがいちゅうい

⑤ 1cm6mm－8mm＝8mm

ヒント　2 cmの　たんいから　mmの　たんいに　くり下げて　計算しましょう。

たしかめのテスト 16 長　さ

時間 20分　/100　ごうかく 80点

答え 9ページ

1 ［　］に　あてはまる　数を　かきましょう。　1つ10点(20点)

① 9cm6mm＝［96］mm

② 46mm＝［4］cm［6］mm

2 長さの　たし算を　しましょう。　1つ10点(40点)

① 3cm7mm＋5cm＝8cm7mm

② 2cm3mm＋6mm＝2cm9mm

③ 6cm8mm＋8mm＝7cm6mm

できたらスゴイ！

④ 9cm6mm＋4mm＝10cm

3 長さの　ひき算を　しましょう。　1つ10点(40点)

① 9cm8mm－4cm＝5cm8mm

② 6cm5mm－8mm＝5cm7mm

③ 3cm4mm－9mm＝2cm5mm

できたらスゴイ！

④ 1cm2mm－3mm＝9mm

16ページ

1 たし算と同じように、同じたんいのところをひき算します。

①、②はcmどうしをひきます。

③、④、⑤はmmどうしをひきます。

2 ①4mm－8mmはひき算できないから、cmのたんいから1cmくり下げて、14mm－8mmのひき算をします。

⑤6mm－8mmはひき算できないから、cmのたんいから1cmをくり下げて16mm－8mmのひき算をします。

17ページ

2 ④6mm＋4mm＝10mm、10mm＝1cmだから、9cmと1cmをあわせて、10cmになります。

3 cmのたんいからmmのたんいへのくり下がりにちゅういしましょう。

④1cm2mm＝12mmとして、12mm－3mmのひき算をします。

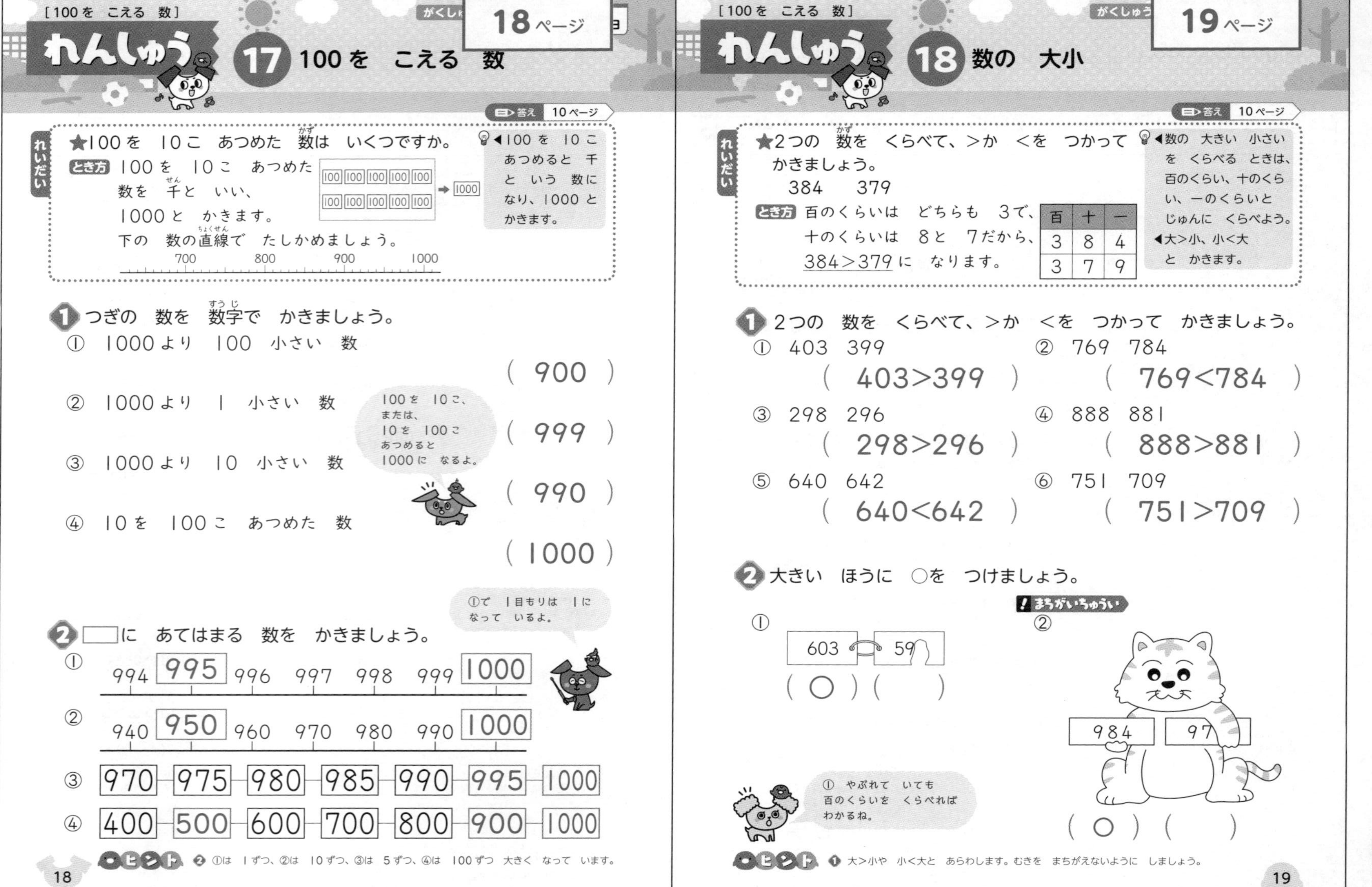

［100を　こえる　数］

れんしゅう 17 100を　こえる　数

18ページ

答え 10ページ

れいだい

★100を　10こ　あつめた　数は　いくつですか。

とき方 100を　10こ　あつめた数を　千と　いい、1000と　かきます。下の　数の直線で　たしかめましょう。

700　800　900　1000

◀100を　10こ　あつめると　千と　いう　数に　なり、1000と　かきます。

❶つぎの　数を　数字で　かきましょう。

① 1000より　100　小さい　数　（ 900 ）

② 1000より　1　小さい　数　（ 999 ）

③ 1000より　10　小さい　数　（ 990 ）

④ 10を　100こ　あつめた　数　（ 1000 ）

100を　10こ、または、10を　100こ　あつめると　1000に　なるよ。

❷□に　あてはまる　数を　かきましょう。

①で　1目もりは　1に　なって　いるよ。

① 994　995　996　997　998　999　1000

② 940　950　960　970　980　990　1000

③ 970　975　980　985　990　995　1000

④ 400　500　600　700　800　900　1000

ヒント ❷ ①は　1ずつ、②は　10ずつ、③は　5ずつ、④は　100ずつ　大きく　なって　います。

18

［100を　こえる　数］

れんしゅう 18 数の　大小

19ページ

答え 10ページ

れいだい

★2つの　数を　くらべて、＞か　＜を　つかって　かきましょう。

384　379

とき方 百のくらいは　どちらも　3で、十のくらいは　8と　7だから、384＞379に　なります。

百	十	一
3	8	4
3	7	9

◀数の　大きい　小さいを　くらべる　ときは、百のくらい、十のくらい、一のくらいと　じゅんに　くらべよう。

◀大＞小、小＜大と　かきます。

❶2つの　数を　くらべて、＞か　＜を　つかって　かきましょう。

① 403　399　（ 403＞399 ）

② 769　784　（ 769＜784 ）

③ 298　296　（ 298＞296 ）

④ 888　881　（ 888＞881 ）

⑤ 640　642　（ 640＜642 ）

⑥ 751　709　（ 751＞709 ）

❷大きい　ほうに　○を　つけましょう。

① 603　59　（ ○ ）（ 　 ）

まちがいちゅうい ② 984　97　（ ○ ）（ 　 ）

① やぶれて　いても　百のくらいを　くらべれば　わかるね。

ヒント ❶ 大＞小や　小＜大と　あらわします。むきを　まちがえないように　しましょう。

19

18ページ

❷ 数の線の１目もりがいくつずつ大きくなっているかを考えます。①は１ずつ、②は１０ずつ、③は５ずつ、④は１００ずつ大きくなっています。

19ページ

❶ ２つの数の百のくらいが同じ数のときは、十のくらいでくらべます。さらに、２つの数の十のくらいが同じ数のときは、一のくらいでくらべます。

❷ ①百のくらいをくらべると、６と５で、６０３のほうが大きいことがわかります。

②百のくらいがどちらも９だから、十のくらいでくらべます。８と７で、９８４のほうが大きいことがわかります。

おうちのかたへ

１を１０こ集めると１０、１０を１０こ集めると１００、１００を１０こ集めると１０００という数の関係を理解できるようにしましょう。

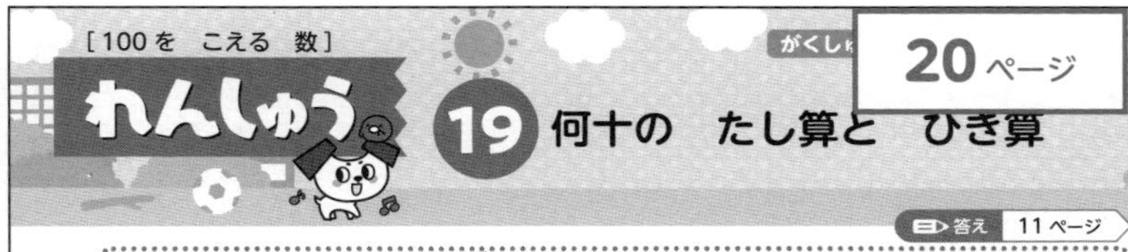

れんしゅう 19 何十の　たし算と　ひき算

20ページ

答え 11ページ

れいだい

★① 60+50の　たし算

② 130−50の　ひき算を　しましょう。

とき方 ① 10の　まとまりで　考えると、

60+50=110

② 10の　まとまりで　考えると、130−50=80

◀何十の　たし算では、10の　まとまりが　あわせて　いくつに　なるか、ひき算では、いくつの　10の　まとまりから　いくつの　10の　まとまりを　ひくかを　考えます。

1 たし算を　しましょう。

① 30+90=120　② 80+50=130

③ 70+60=130　④ 40+70=110

⑤ 90+90=180

⑤ 10の　まとまりは　あわせて　いくつかな？

2 ひき算を　しましょう。

① 120−60=60　② 150−80=70

③ 130−40=90　④ 120−30=90

よくみて ⑤ 180−90=90

④ 10の　まとまりは　いくつ　のこるかな？

ヒント ❶② ⓾が　8こと　5こで　13こです。
❷② 15この　⓾から　8この　⓾を　とると　のこりは　7こです。

れんしゅう 20 何百の　たし算と　ひき算

21ページ

答え 11ページ

れいだい

★① 300+400の　たし算

② 700−500の　ひき算を　しましょう。

とき方 ① 100の　まとまりで　考えると、

300+400=700

② 100の　まとまりで　考えると、700−500=200

◀何百の　たし算では、100の　まとまりが　あわせて　いくつに　なるか、ひき算では、いくつの　100の　まとまりから　いくつの　100の　まとまりを　ひくかを　考えます。

1 たし算を　しましょう。

① 200+500=700　② 100+800=900

③ 600+200=800　④ 300+200=500

⑤ 700+300=1000

⑤ 100の　まとまりは　あわせて　いくつかな？

2 ひき算を　しましょう。

① 600−400=200　② 800−300=500

③ 500−100=400　④ 900−200=700

よくみて ⑤ 1000−800=200

④ 100の　まとまりは　いくつ　のこるかな？

ヒント ❶② ⑩⓪が　1こと　8こで　9こです。
❷② 8この　⑩⓪から　3この　⑩⓪を　とると　のこりは　5こです。

おうちのかたへ

何十や何百の計算では、10のまとまりや100のまとまりで考えると、1年生で習ったたし算やひき算で計算できることを確認しましょう。

20ページ

❶ 10のまとまりが、あわせていくつになるかを考えます。

②80+50は、10のまとまりが8+5で13になります。10が13こで130です。

❷ 10のまとまりが、いくつのこるかを考えます。

②150−80は、10のまとまりが15−8で7になります。10が7こで70です。

21ページ

❶ 100のまとまりが、あわせていくつになるかを考えます。

⑤700+300は、100のまとまりが7+3で10になります。100が10こで1000です。

❷ 100のまとまりが、いくつのこるかを考えます。

⑤1000−800は、100のまとまりが10−8で2になります。100が2こで200です。

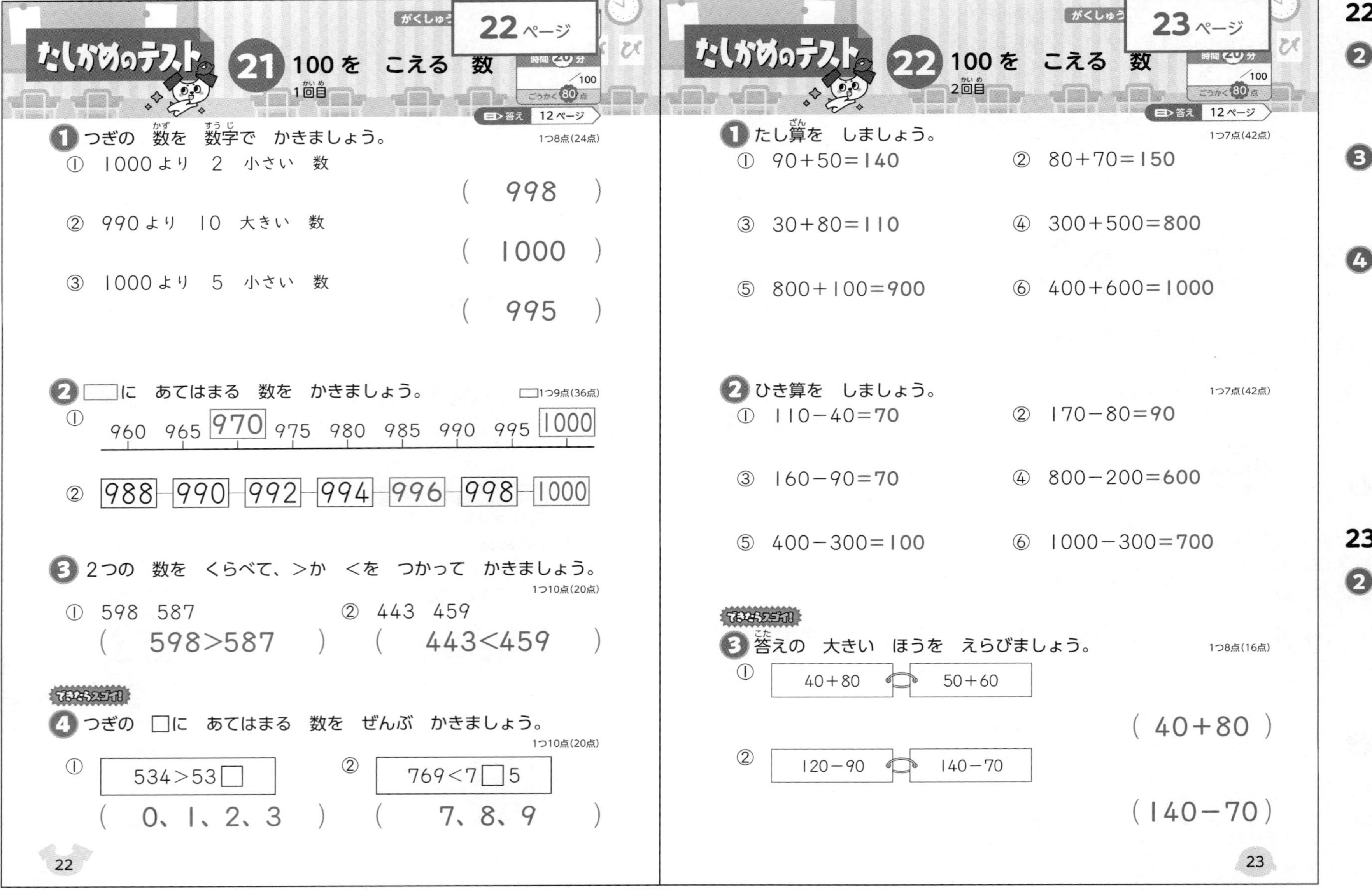

たしかめのテスト 21 100を こえる 数 1回目　がくしゅう 22ページ　時間20分　/100　ごうかく80点　答え 12ページ

1 つぎの 数を 数字で かきましょう。 1つ8点(24点)

① 1000より 2 小さい 数 （ 998 ）

② 990より 10 大きい 数 （ 1000 ）

③ 1000より 5 小さい 数 （ 995 ）

2 □に あてはまる 数を かきましょう。 □1つ9点(36点)

① 960 965 [970] 975 980 985 990 995 [1000]

② [988]-[990]-[992]-[994]-[996]-[998]-[1000]

3 2つの 数を くらべて、>か <を つかって かきましょう。 1つ10点(20点)

① 598 587 （ 598>587 ）　② 443 459 （ 443<459 ）

できたらスゴイ!

4 つぎの □に あてはまる 数を ぜんぶ かきましょう。 1つ10点(20点)

① 534>53□ （ 0、1、2、3 ）　② 769<7□5 （ 7、8、9 ）

22

たしかめのテスト 22 100を こえる 数 2回目　がくしゅう 23ページ　時間20分　/100　ごうかく80点　答え 12ページ

1 たし算を しましょう。 1つ7点(42点)

① 90+50=140　② 80+70=150

③ 30+80=110　④ 300+500=800

⑤ 800+100=900　⑥ 400+600=1000

2 ひき算を しましょう。 1つ7点(42点)

① 110−40=70　② 170−80=90

③ 160−90=70　④ 800−200=600

⑤ 400−300=100　⑥ 1000−300=700

できたらスゴイ!

3 答えの 大きい ほうを えらびましょう。 1つ8点(16点)

① 40+80 / 50+60 （ 40+80 ）

② 120−90 / 140−70 （ 140−70 ）

23

3 ①40+80=120　50+60=110
②120−90=30　140−70=70

22ページ

2 数の線の1目もりが①は5ずつ、②は2ずつ大きくなっています。

3 2つの数の百のくらいが同じときは、十のくらいでくらべます。

4 ①534より小さい数にするから、一のくらいには、4より小さい数がはいります。
②769より大きい数にするから、十のくらいには、6より大きい数がはいります。

23ページ

2 ①、②、③は10のまとまりで考えます。
①110−40は、10のまとまりが11−4で7になります。10が7こで70です。
④、⑤、⑥は100のまとまりで考えます。
⑥1000−300は、100のまとまりが10−3で7になります。100が7こで700です。

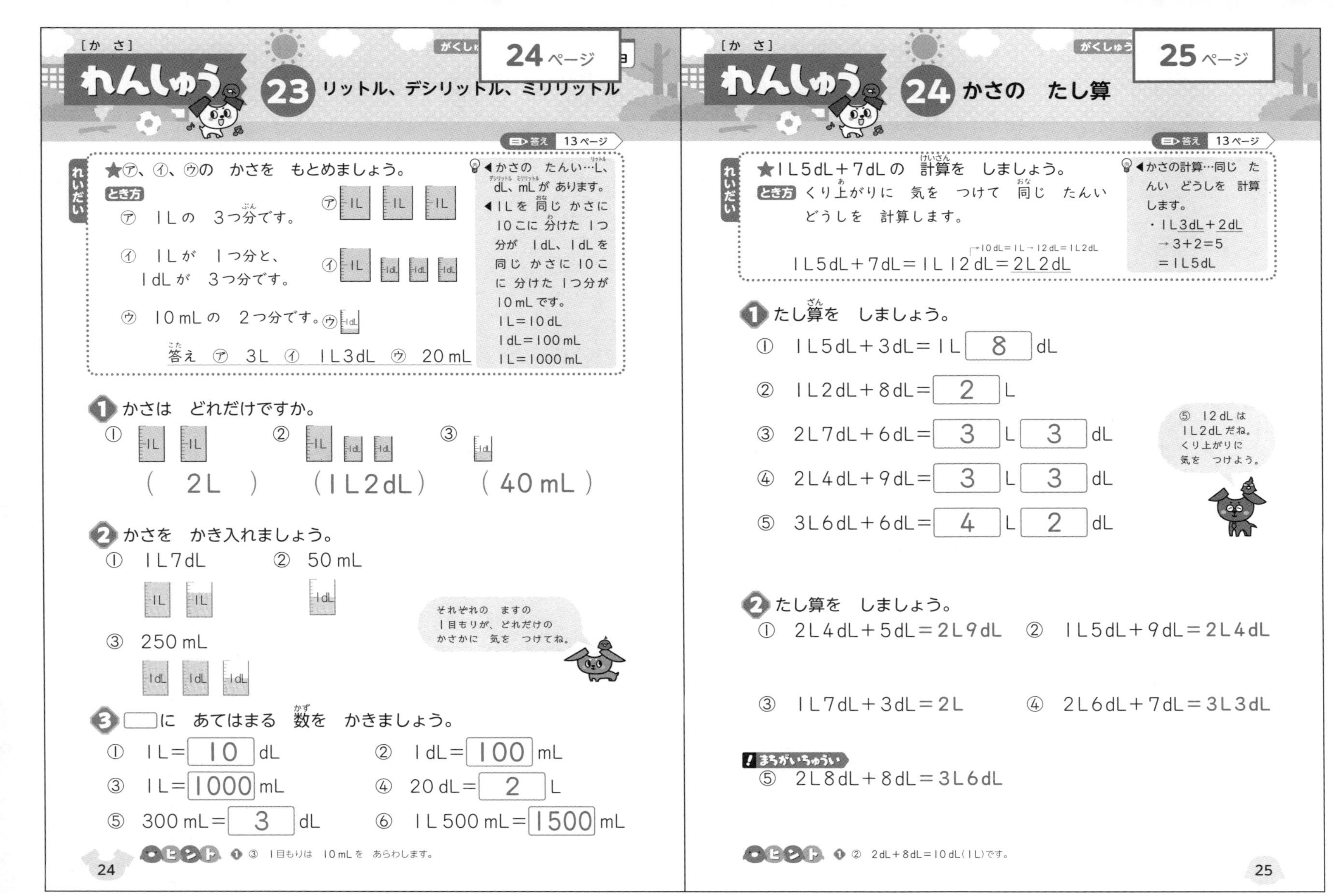

[かさ] れんしゅう 24ページ

23 リットル、デシリットル、ミリリットル

答え 13ページ

れいだい ★㋐、㋑、㋒の　かさを　もとめましょう。

とき方
㋐　1Lの　3つ分です。
㋑　1Lが　1つ分と、1dLが　3つ分です。
㋒　10mLの　2つ分です。

答え　㋐ 3L　㋑ 1L3dL　㋒ 20mL

◀かさの　たんい…L、dL、mLが　あります。
◀1Lを　同じ　かさに　10こに　分けた　1つ分が　1dL。1dLを　同じ　かさに　10こに　分けた　1つ分が　10mLです。
1L=10dL
1dL=100mL
1L=1000mL

❶ かさは　どれだけですか。
① （　2L　）　② （1L2dL）　③ （40mL）

❷ かさを　かき入れましょう。
① 1L7dL　② 50mL
③ 250mL

それぞれの　ますの　1目もりが、どれだけの　かさかに　気を　つけてね。

❸ □に　あてはまる　数を　かきましょう。
① 1L=10dL　② 1dL=100mL
③ 1L=1000mL　④ 20dL=2L
⑤ 300mL=3dL　⑥ 1L500mL=1500mL

ヒント ❶③ 1目もりは　10mLを　あらわします。

24

[かさ] れんしゅう 25ページ

24 かさの　たし算

答え 13ページ

れいだい ★1L5dL+7dLの　計算を　しましょう。

とき方 くり上がりに　気を　つけて　同じ　たんい　どうしを　計算します。

1L5dL+7dL=1L12dL=2L2dL（10dL=1L→12dL=1L2dL）

◀かさの計算…同じ　たんい　どうしを　計算します。
・1L3dL+2dL
→3+2=5
=1L5dL

❶ たし算を　しましょう。
① 1L5dL+3dL=1L 8 dL
② 1L2dL+8dL= 2 L
③ 2L7dL+6dL= 3 L 3 dL
④ 2L4dL+9dL= 3 L 3 dL
⑤ 3L6dL+6dL= 4 L 2 dL

⑤ 12dLは　1L2dLだね。くり上がりに　気を　つけよう。

❷ たし算を　しましょう。
① 2L4dL+5dL=2L9dL　② 1L5dL+9dL=2L4dL
③ 1L7dL+3dL=2L　④ 2L6dL+7dL=3L3dL

まちがいちゅうい
⑤ 2L8dL+8dL=3L6dL

ヒント ❶② 2dL+8dL=10dL(1L)です。

25

24ページ

❶ ③1dLを同じかさに10こに分けた1つ分は10mLです。10mLの4つ分だから、40mLになります。

❷ ②、③1dLを同じかさに10こに分けているから、ますの1目もりは10mLをあらわしています。

25ページ

❶ 同じたんいどうしを計算します。
③7dL+6dL=13dL=1L3dLだから、2L+1L3dL=3L3dL

❷ ③7dL+3dL=10dL=1Lだから、1L+1L=2L
⑤8dL+8dL=16dL=1L6dLだから、2L+1L6dL=3L6dL

おうちのかたへ
かさの単位に、L、dL、mLがあるということ、また、1L=10dL、1dL=100mL、1L=1000mLという数量の関係をしっかり覚えさせてください。

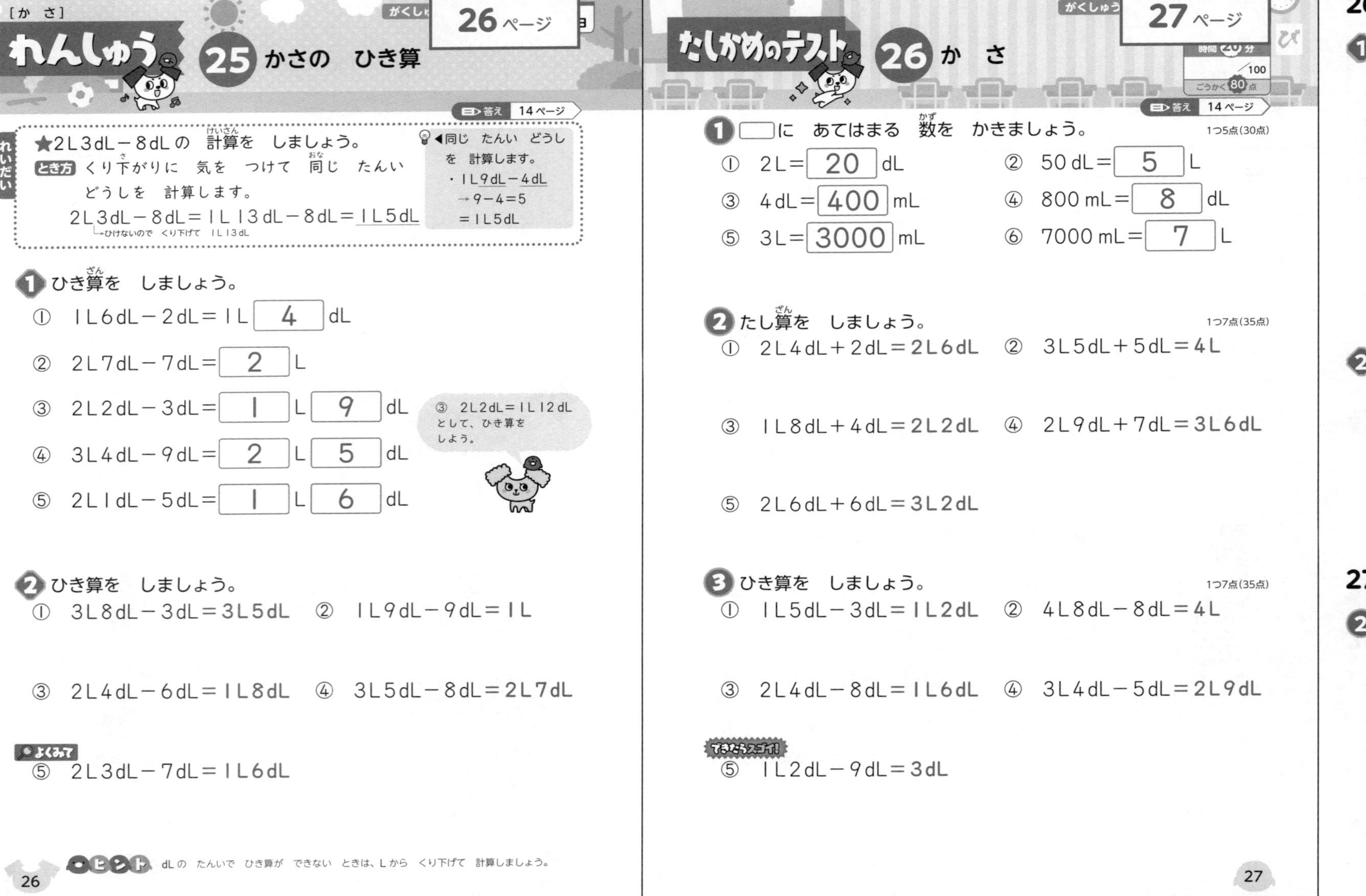

[かさ]

れんしゅう 25 かさの ひき算

26ページ

答え 14ページ

れいだい ★2L3dL－8dLの 計算を しましょう。

とき方 くり下がりに 気を つけて 同じ たんい どうしを 計算します。

2L3dL－8dL＝1L13dL－8dL＝1L5dL
（ひけないので くり下げて 1L13dL）

◀同じ たんい どうしを 計算します。
・1L9dL－4dL
→9－4＝5
＝1L5dL

1 ひき算を しましょう。

① 1L6dL－2dL＝1L［4］dL
② 2L7dL－7dL＝［2］L
③ 2L2dL－3dL＝［1］L［9］dL
④ 3L4dL－9dL＝［2］L［5］dL
⑤ 2L1dL－5dL＝［1］L［6］dL

③ 2L2dL＝1L12dL として、ひき算を しよう。

2 ひき算を しましょう。

① 3L8dL－3dL＝3L5dL　② 1L9dL－9dL＝1L
③ 2L4dL－6dL＝1L8dL　④ 3L5dL－8dL＝2L7dL

よくみて
⑤ 2L3dL－7dL＝1L6dL

ヒント dLの たんいで ひき算が できない ときは、Lから くり下げて 計算しましょう。

たしかめのテスト 26 かさ

27ページ

時間 20分　100　ごうかく80点

答え 14ページ

1 □に あてはまる 数を かきましょう。　1つ5点(30点)

① 2L＝［20］dL　② 50dL＝［5］L
③ 4dL＝［400］mL　④ 800mL＝［8］dL
⑤ 3L＝［3000］mL　⑥ 7000mL＝［7］L

2 たし算を しましょう。　1つ7点(35点)

① 2L4dL＋2dL＝2L6dL　② 3L5dL＋5dL＝4L
③ 1L8dL＋4dL＝2L2dL　④ 2L9dL＋7dL＝3L6dL
⑤ 2L6dL＋6dL＝3L2dL

3 ひき算を しましょう。　1つ7点(35点)

① 1L5dL－3dL＝1L2dL　② 4L8dL－8dL＝4L
③ 2L4dL－8dL＝1L6dL　④ 3L4dL－5dL＝2L9dL

できたらスゴイ！
⑤ 1L2dL－9dL＝3dL

26ページ

1 たし算と同じように、同じたんいどうしを計算します。

③ひき算をするためにくり下げると、2L2dL＝1L12dL だから、1L12dL－3dL＝1L9dL になります。

2 ④ひき算をするためにくり下げると、3L5dL＝2L15dL だから、2L15dL－8dL＝2L7dL になります。

27ページ

2 同じたんいどうしを計算します。

③8dL＋4dL＝12dL＝1L2dL だから、1L＋1L2dL＝2L2dL になります。

3 ③ひき算をするためにくり下げると、2L4dL＝1L14dL だから、1L14dL－8dL＝1L6dL になります。

⑤ひき算をするためにくり下げると、1L2dL＝12dL だから、12dL－9dL＝3dL になります。

［たし算と　ひき算の　くふう］

れんしゅう 27 たし算の　くふう

28ページ

答え 15ページ

れいだい

★59＋5を　くふうして　計算を　しましょう。

とき方　5を　1と　4に　分けて考えると、
59＋1は　60に　なり、
60＋4＝64

あわせて 64

◀たす数を、できるだけかんたんに　計算できるよう　うまく　2つに　分ける　ことを考えましょう。

❶ くふうして　計算を　しましょう。

① 68＋5＝73　（2　3）　68＋2＝70、70＋3＝73
② 18＋9＝27
③ 23＋9＝32
④ 38＋2＝40
⑤ 73＋7＝80
⑥ 26＋5＝31
⑦ 13＋8＝21
⑧ 45＋8＝53

まちがいちゅうい
⑨ 56＋6＝62

たす数を　うまく　2つに　分けて　計算を　しよう。

ヒント　❶⑧ たす数の　8を　5と　3に　分けましょう。

28

［たし算と　ひき算の　くふう］

れんしゅう 28 ひき算の　くふう

29ページ

答え 15ページ

れいだい

★32－6を　くふうして　計算を　しましょう。

とき方　6を　2と　4に　分けて考えると、
32－2は　30に　なり、
30－4＝26

10－4　のこりは 26

◀ひく数を、できるだけかんたんに　計算できるよう　うまく　2つに　分ける　ことを考えましょう。

❶ くふうして　計算を　しましょう。

① 72－8＝64　（2　6）　72－2＝70、70－6＝64
② 63－8＝55
③ 43－7＝36
④ 50－3＝47
⑤ 20－9＝11
⑥ 35－6＝29
⑦ 43－7＝36
⑧ 84－5＝79

よくみて
⑨ 65－9＝56

ひく数を　うまく　2つに　分けて　計算を　しよう。

ヒント　❶② ひく数の　8を　3と　5に　分けましょう。

29

28ページ

❶ たされる数が何十になるように、たす数を2つに分けて考えます。

③9を7と2に分けて、23と7をたすと、23＋7＝30、30とのこっている2をたすと、30＋2＝32

⑨6を4と2に分けて、56と4をたすと、56＋4＝60、60とのこっている2をたすと、60＋2＝62

29ページ

❶ ひかれる数が何十になるように、ひく数を2つに分けて考えます。

②8を3と5に分けて、63から3をひくと、63－3＝60、のこっている5を60からひくと、60－5＝55

④50を10と40に分けて考えます。10から3をひくと、10－3＝7、のこっている40と7をたすと、40＋7＝47

⑨9を5と4に分けて、65から5をひくと、65－5＝60、のこっている4を60からひくと、60－4＝56

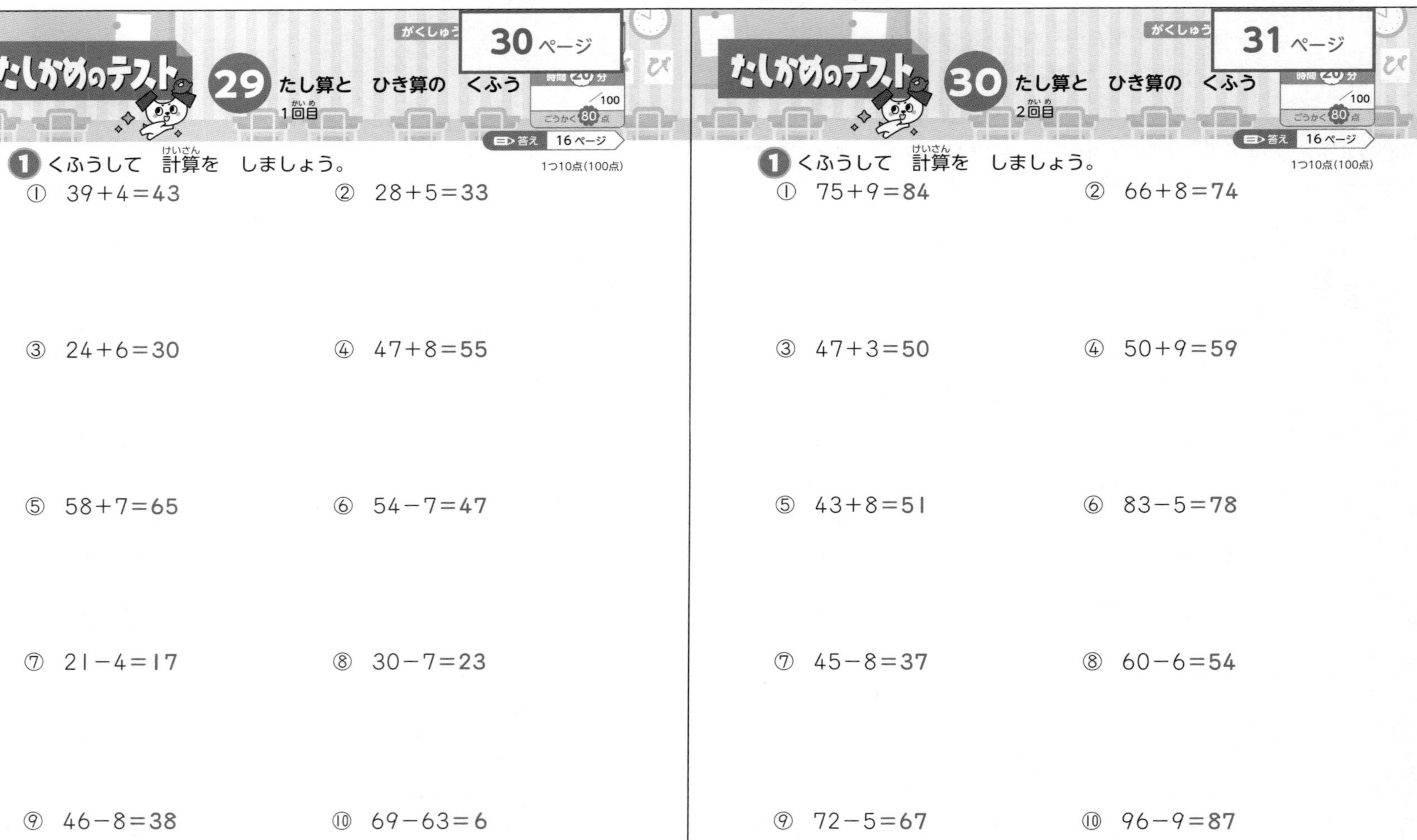

たしかめのテスト
29 たし算と ひき算の くふう
1回目
30ページ
時間20分
100
ごうかく80点
答え 16ページ
1 くふうして 計算を しましょう。
1つ10点(100点)
① 39+4=43
② 28+5=33
③ 24+6=30
④ 47+8=55
⑤ 58+7=65
⑥ 54−7=47
⑦ 21−4=17
⑧ 30−7=23
⑨ 46−8=38
⑩ 69−63=6
30
たしかめのテスト
30 たし算と ひき算の くふう
2回目
31ページ
時間20分
100
ごうかく80点
答え 16ページ
1 くふうして 計算を しましょう。
1つ10点(100点)
① 75+9=84
② 66+8=74
③ 47+3=50
④ 50+9=59
⑤ 43+8=51
⑥ 83−5=78
⑦ 45−8=37
⑧ 60−6=54
⑨ 72−5=67
⑩ 96−9=87
31

⑧60を10と50に分けて考えます。10から6をひくと、10−6=4、のこっている50と4をたすと、50+4=54

30ページ

1 ①4を1と3に分けて、39と1をたすと、39+1=40、40とのこっている3をたすと、40+3=43

⑧30を10と20に分けて考えます。10から7をひくと、10−7=3、のこっている20と3をたすと、20+3=23

⑩69を60と9、63を60と3に分けて考えます。60から60をひくと0だから、9から3をひいて、9−3=6

31ページ

1 ⑤8を7と1に分けて、43と7をたすと、43+7=50、50とのこっている1をたすと、50+1=51

⑥5を3と2に分けて、83から3をひくと、83−3=80、のこっている2を80からひくと、80−2=78

32ページ

31 計算の　ふくしゅうテスト① 1回目

本文 2~31ページ　答え 17ページ　時間 30分　100　ごうかく80点

1 計算を　しましょう。　1つ6点(36点)

① 52+16=68　② 28+39=67　③ 9+43=52

④ 69−33=36　⑤ 32−14=18　⑥ 80−8=72

2 長さの　計算を　しましょう。　1つ7点(28点)

① 3cm2mm+6mm=3cm8mm　② 5cm9mm+4mm=6cm3mm

③ 8cm3mm−4cm=4cm3mm　④ 4cm5mm−9mm=3cm6mm

3 計算を　しましょう。　1つ6点(36点)

① 50+90=140　② 80+70=150

③ 900+100=1000　④ 140−70=70

⑤ 120−90=30　⑥ 1000−900=100

33ページ

32 計算の　ふくしゅうテスト① 2回目

本文 2~31ページ　答え 17ページ　時間 30分　100　ごうかく80点

1 計算を　しましょう。　1つ6点(36点)

① 41+24=65　② 58+12=70　③ 65+8=73

④ 78−52=26　⑤ 83−17=66　⑥ 50−6=44

2 計算を　しましょう。　1つ7点(28点)

① 1L5dL+7dL=2L2dL　② 3L9dL+1dL=4L

③ 2L3dL−8dL=1L5dL　④ 1L1dL−9dL=2dL

3 くふうして　計算を　しましょう。　1つ6点(36点)

① 29+5=34　② 50+18=68

③ 7+49=56　④ 35−9=26

⑤ 77−70=7　⑥ 98−91=7

32ページ

1 ③一のくらいは、9+3=12で、十のくらいに1くり上げて、十のくらいは、1+4=5になります。

⑥一のくらいの0−8はひけないから、十のくらいから1くり下げて、10−8=2、十のくらいは、7になります。

2 ②5cm9mm+4mm=5cm13mm=6cm3mm

④4cm5mm−9mm=3cm15mm−9mm=3cm6mm

33ページ

2 ①1L5dL+7dL=1L12dL=2L2dL

④1L1dL−9dL=11dL−9dL=2dL

3 ③7を1と6に分けて、49と1をたすと、49+1=50、50とのこっている6をたすと、50+6=56

④9を5と4に分けて、35から5をひくと、35−5=30、のこっている4を30からひくと、30−4=26

⑥98を90と8、91を90と1に分けて考えます。90−90=0、8−1=7

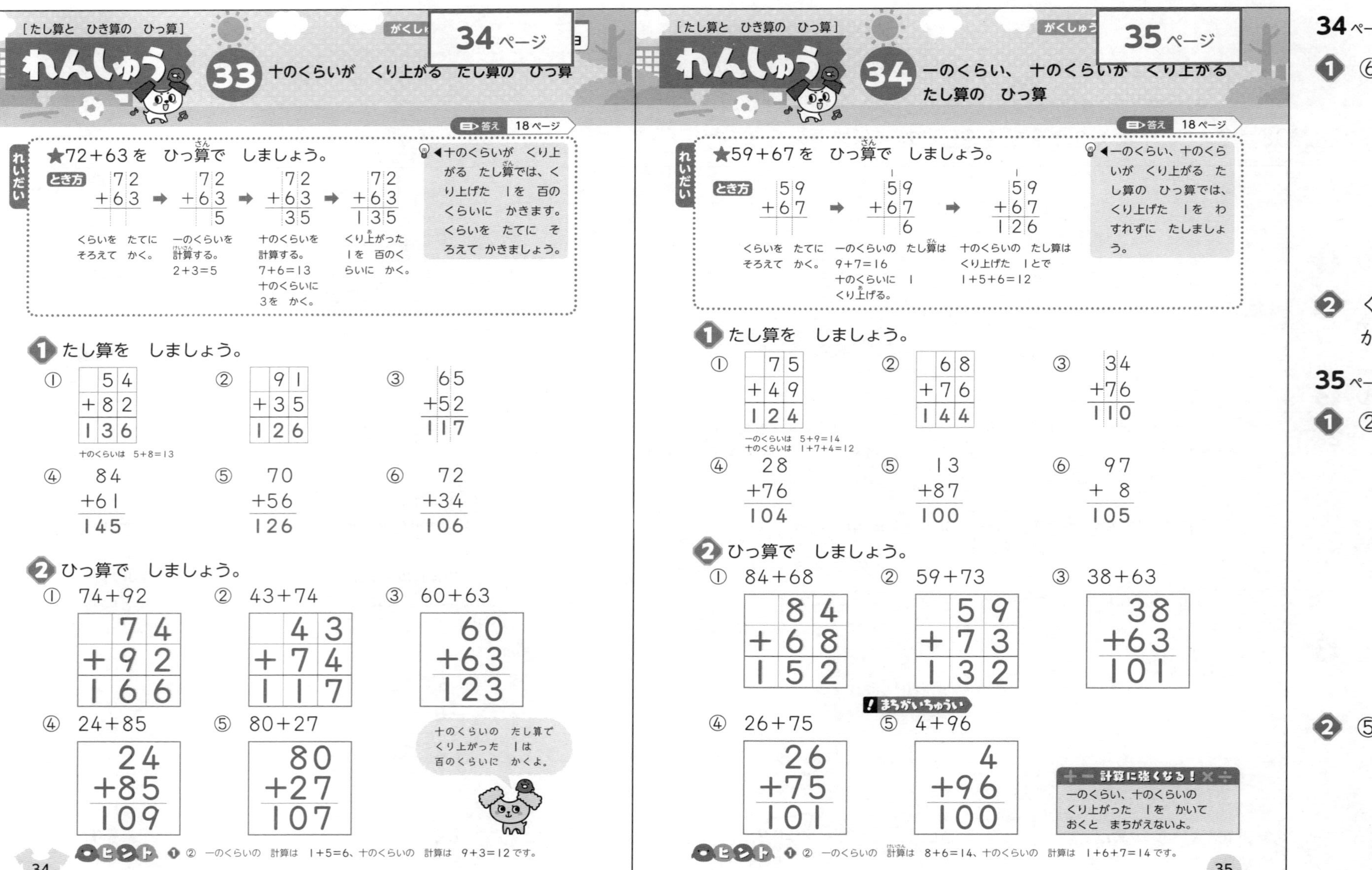

[たし算と ひき算の ひっ算]

れんしゅう 33 十のくらいが くり上がる たし算の ひっ算

34ページ

答え 18ページ

れいだい

★72+63を ひっ算で しましょう。

とき方

72+63 → 72+63=5 → 72+63=35 → 72+63=135

くらいを たてに そろえて かく。 一のくらいを 計算する。2+3=5 十のくらいを 計算する。7+6=13 十のくらいに 3を かく。 くり上がった 1を 百のくらいに かく。

◀十のくらいが くり上がる たし算では、くり上げた 1を 百のくらいに かきます。くらいを たてに そろえて かきましょう。

1 たし算を しましょう。

① 54+82=136 ② 91+35=126 ③ 65+52=117

十のくらいは 5+8=13

④ 84+61=145 ⑤ 70+56=126 ⑥ 72+34=106

2 ひっ算で しましょう。

① 74+92=166 ② 43+74=117 ③ 60+63=123

④ 24+85=109 ⑤ 80+27=107

十のくらいの たし算で くり上がった 1は 百のくらいに かくよ。

ヒント 1 ② 一のくらいの 計算は 1+5=6、十のくらいの 計算は 9+3=12です。

34

[たし算と ひき算の ひっ算]

れんしゅう 34 一のくらい、十のくらいが くり上がる たし算の ひっ算

35ページ

答え 18ページ

れいだい

★59+67を ひっ算で しましょう。

とき方

59+67 → 59+67=6 → 59+67=126

くらいを たてに そろえて かく。 一のくらいの たし算は 9+7=16 十のくらいに 1 くり上げる。 十のくらいの たし算は くり上げた 1とで 1+5+6=12

◀一のくらい、十のくらいが くり上がる たし算の ひっ算では、くり上げた 1を わすれずに たしましょう。

1 たし算を しましょう。

① 75+49=124 ② 68+76=144 ③ 34+76=110

一のくらいは 5+9=14 十のくらいは 1+7+4=12

④ 28+76=104 ⑤ 13+87=100 ⑥ 97+8=105

2 ひっ算で しましょう。

① 84+68=152 ② 59+73=132 ③ 38+63=101

④ 26+75=101 ⑤ 4+96=100 （まちがいちゅうい）

計算に強くなる！ 一のくらい、十のくらいの くり上がった 1を かいて おくと まちがえないよ。

ヒント 1 ② 一のくらいの 計算は 8+6=14、十のくらいの 計算は 1+6+7=14です。

35

34ページ

1 ⑥一のくらいのたし算は、
2+4=6
十のくらいのたし算は、
7+3=10
十のくらいには0を、百のくらいには1をかきます。

2 くらいをたてにそろえてかきましょう。

35ページ

1 ②一のくらいのたし算は、8+6=14で、十のくらいに1くり上がります。
十のくらいのたし算は、1+6+7=14になります。
百のくらいには1をかきます。

2 ⑤一のくらいのたし算は、4+6=10で、十のくらいに1くり上がります。
十のくらいのたし算は、1+9=10になります。
一のくらいと十のくらいには0を、百のくらいには1をかきます。

おうちのかたへ
十のくらいがくり上がるたし算では、くり上げた1を百のくらいにかくことを学習します。

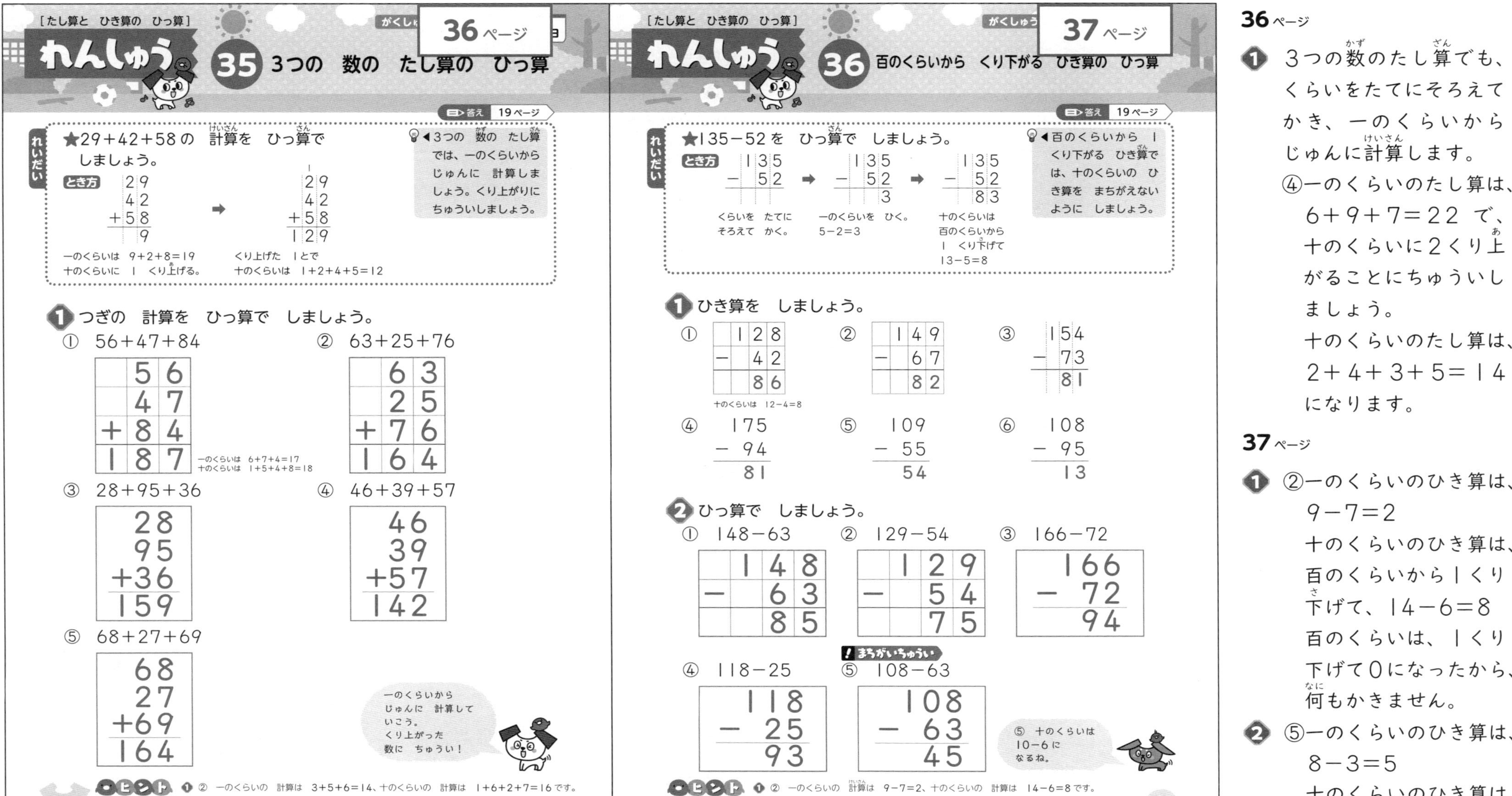

[たし算と　ひき算の　ひっ算]

れんしゅう 35 3つの　数の　たし算の　ひっ算

36ページ

答え 19ページ

れいだい ★29+42+58の　計算を　ひっ算で　しましょう。

とき方

```
  29        29
  42        42
+ 58  →   + 58
   9       129
```

一のくらいは　9+2+8=19　十のくらいに　1　くり上げる。

くり上げた　1とで　十のくらいは　1+2+4+5=12

3つの　数の　たし算では、一のくらいから　じゅんに　計算しましょう。くり上がりに　ちゅういしましょう。

❶ つぎの　計算を　ひっ算で　しましょう。

① 56+47+84

```
  56
  47
+ 84
 187
```

一のくらいは　6+7+4=17　十のくらいは　1+5+4+8=18

② 63+25+76

```
  63
  25
+ 76
 164
```

③ 28+95+36

```
  28
  95
+ 36
 159
```

④ 46+39+57

```
  46
  39
+ 57
 142
```

⑤ 68+27+69

```
  68
  27
+ 69
 164
```


ヒント ❶ ② 一のくらいの　計算は　3+5+6=14、十のくらいの　計算は　1+6+2+7=16です。

36

[たし算と　ひき算の　ひっ算]

れんしゅう 36 百のくらいから　くり下がる　ひき算の　ひっ算

37ページ

答え 19ページ

れいだい ★135−52を　ひっ算で　しましょう。

とき方

```
  135       135       135
−  52  →  −  52  →  −  52
                3        83
```

くらいを　たてに　そろえて　かく。

一のくらいを　ひく。　5−2=3

十のくらいは　百のくらいから　1　くり下げて　13−5=8

百のくらいから　1　くり下がる　ひき算では、十のくらいの　ひき算を　まちがえない　ように　しましょう。

❶ ひき算を　しましょう。

① 128 − 42 = 86（十のくらいは　12−4=8）

② 149 − 67 = 82

③ 154 − 73 = 81

④ 175 − 94 = 81

⑤ 109 − 55 = 54

⑥ 108 − 95 = 13

❷ ひっ算で　しましょう。

① 148−63

```
  148
−  63
   85
```

② 129−54

```
  129
−  54
   75
```

③ 166−72

```
  166
−  72
   94
```

④ 118−25

```
  118
−  25
   93
```

まちがいちゅうい ⑤ 108−63

```
  108
−  63
   45
```


ヒント ❶ ② 一のくらいの　計算は　9−7=2、十のくらいの　計算は　14−6=8です。

37

おうちのかたへ
十のくらいがひけないときは、百のくらいから１くり下げて計算することを学習します。

36ページ

❶ 3つの数のたし算でも、くらいをたてにそろえてかき、一のくらいからじゅんに計算します。

④一のくらいのたし算は、6＋9＋7＝22 で、十のくらいに2くり上がることにちゅういしましょう。

十のくらいのたし算は、2＋4＋3＋5＝14 になります。

37ページ

❶ ②一のくらいのひき算は、9−7=2

十のくらいのひき算は、百のくらいから１くり下げて、14−6=8

百のくらいは、１くり下げて0になったから、何もかきません。

❷ ⑤一のくらいのひき算は、8−3=5

十のくらいのひき算は、百のくらいから１くり下げて、10−6=4

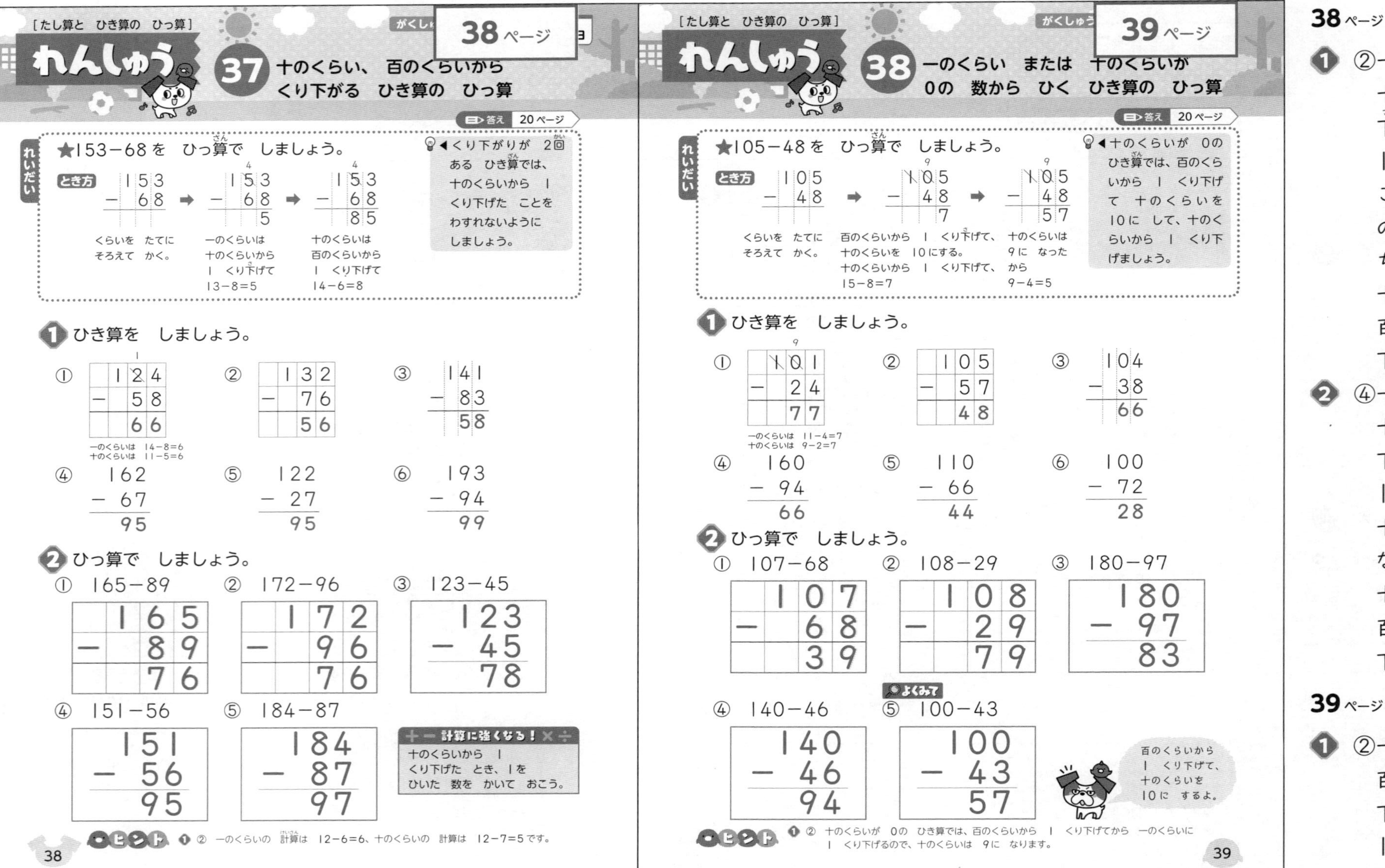

[たし算と ひき算の ひっ算]
れんしゅう
37 十のくらい、百のくらいから くり下がる ひき算の ひっ算
38ページ
答え 20ページ
れいだい
★153−68を ひっ算で しましょう。
くり下がりが 2回 ある ひき算では、十のくらいから 1 くり下げた ことを わすれないように しましょう。
1 ひき算を しましょう。
① 124−58=66 ② 132−76=56 ③ 141−83=58
④ 162−67=95 ⑤ 122−27=95 ⑥ 193−94=99
2 ひっ算で しましょう。
① 165−89=76 ② 172−96=76 ③ 123−45=78
④ 151−56=95 ⑤ 184−87=97
計算に強くなる！ 十のくらいから 1 くり下げた とき、1を ひいた 数を かいて おこう。
ヒント 1② 一のくらいの 計算は 12−6=6、十のくらいの 計算は 12−7=5です。
38
[たし算と ひき算の ひっ算]
れんしゅう
38 一のくらい または 十のくらいが 0の 数から ひく ひき算の ひっ算
39ページ
答え 20ページ
れいだい
★105−48を ひっ算で しましょう。
十のくらいが 0の ひき算では、百のくらいから 1 くり下げて 十のくらいを 10に して、十のくらいから 1 くり下げましょう。
1 ひき算を しましょう。
① 101−24=77 ② 105−57=48 ③ 104−38=66
④ 160−94=66 ⑤ 110−66=44 ⑥ 100−72=28
2 ひっ算で しましょう。
① 107−68=39 ② 108−29=79 ③ 180−97=83
④ 140−46=94 ⑤ 100−43=57
百のくらいから 1 くり下げて、十のくらいを 10に するよ。
ヒント 1② 十のくらいが 0の ひき算では、百のくらいから 1 くり下げてから 一のくらいに 1 くり下げるので、十のくらいは 9に なります。
39

38ページ

1 ②一のくらいのひき算は、十のくらいから１くり下げて、
12−6=6
このとき、十のくらいの３は２になることにちゅういしましょう。
十のくらいのひき算は、百のくらいから１くり下げて、12−7=5

2 ④一のくらいのひき算は、十のくらいから１くり下げて、
11−6=5
十のくらいの５は４になります。
十のくらいのひき算は、百のくらいから１くり下げて、14−5=9

39ページ

1 ②一のくらいのひき算は、百のくらいから１くり下げて、十のくらいを10にします。十のくらいから１くり下げて、
15−7=8
十のくらいは９になったから、9−5=4

2 ③一のくらいのひき算は、十のくらいから１くり下げて、
10−7=3
十のくらいのひき算は、百のくらいから１くり下げて、
17−9=8

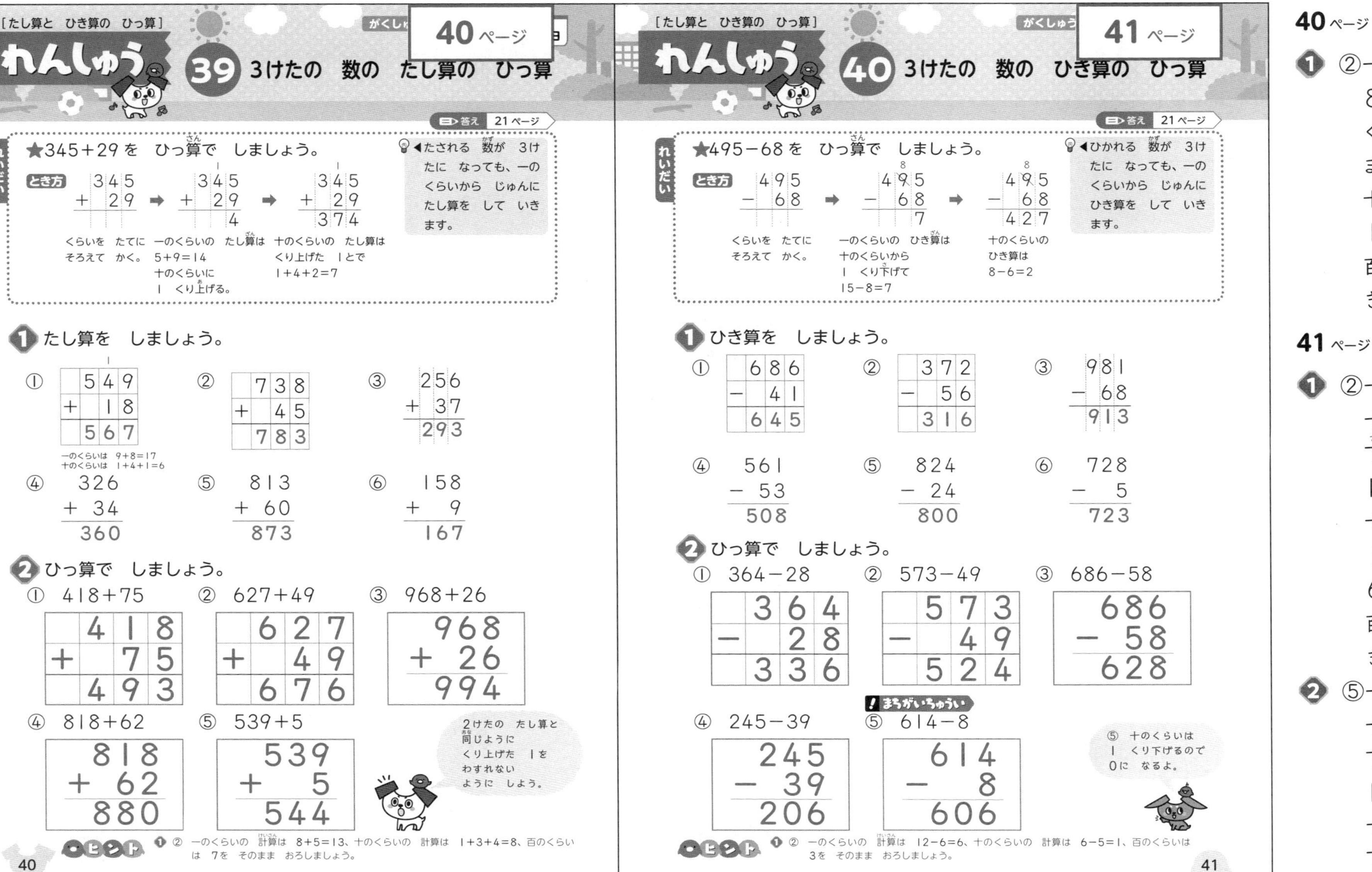

[たし算と ひき算の ひっ算]

れんしゅう 39 3けたの 数の たし算の ひっ算

40ページ　答え 21ページ

れいだい ★345+29を ひっ算で しましょう。

とき方
345 + 29 → 345 + 29 = …4 → 345 + 29 = 374

くらいを たてに そろえて かく。　一のくらいの たし算は 5+9=14 十のくらいに 1 くり上げる。　十のくらいの たし算は くり上げた 1とで 1+4+2=7

◀たされる 数が 3けたに なっても、一のくらいから じゅんに たし算を して いきます。

1 たし算を しましょう。
① 549 + 18 = 567（一のくらいは 9+8=17 十のくらいは 1+4+1=6）
② 738 + 45 = 783
③ 256 + 37 = 293
④ 326 + 34 = 360
⑤ 813 + 60 = 873
⑥ 158 + 9 = 167

2 ひっ算で しましょう。
① 418+75 = 493
② 627+49 = 676
③ 968+26 = 994
④ 818+62 = 880
⑤ 539+5 = 544

2けたの たし算と 同じように くり上げた 1を わすれない ように しよう。

ヒント 1 ② 一のくらいの 計算は 8+5=13、十のくらいの 計算は 1+3+4=8、百のくらいは 7を そのまま おろしましょう。

40

[たし算と ひき算の ひっ算]

れんしゅう 40 3けたの 数の ひき算の ひっ算

41ページ　答え 21ページ

れいだい ★495−68を ひっ算で しましょう。

とき方
495 − 68 → 495 − 68 = …7 → 495 − 68 = 427

くらいを たてに そろえて かく。　一のくらいの ひき算は 十のくらいから 1 くり下げて 15−8=7　十のくらいの ひき算は 8−6=2

◀ひかれる 数が 3けたに なっても、一のくらいから じゅんに ひき算を して いきます。

1 ひき算を しましょう。
① 686 − 41 = 645
② 372 − 56 = 316
③ 981 − 68 = 913
④ 561 − 53 = 508
⑤ 824 − 24 = 800
⑥ 728 − 5 = 723

2 ひっ算で しましょう。
① 364−28 = 336
② 573−49 = 524
③ 686−58 = 628
④ 245−39 = 206
⑤ 614−8 = 606（まちがいちゅうい）

⑤ 十のくらいは 1 くり下げるので 0に なるよ。

ヒント 1 ② 一のくらいの 計算は 12−6=6、十のくらいの 計算は 6−5=1、百のくらいは 3を そのまま おろしましょう。

41

おうちのかたへ
くり上がりやくり下がりをまちがえないように、小さく数をかいておくとよいことを教えてあげましょう。

40ページ

1 ②一のくらいのたし算は、
8+5=13で、十のくらいに1くり上がります。
十のくらいのたし算は
1+3+4=8
百のくらいには7をかきます

41ページ

1 ②一のくらいのひき算は、十のくらいから1くり下げて、
12−6=6
十のくらいのひき算は、1くり下げたから、
6−5=1
百のくらいには3をかきます。

2 ⑤一のくらいのひき算は、十のくらいから1くり下げて、
14−8=6
十のくらいは、1くり下げたから0になります。
百のくらいには6をかきます。

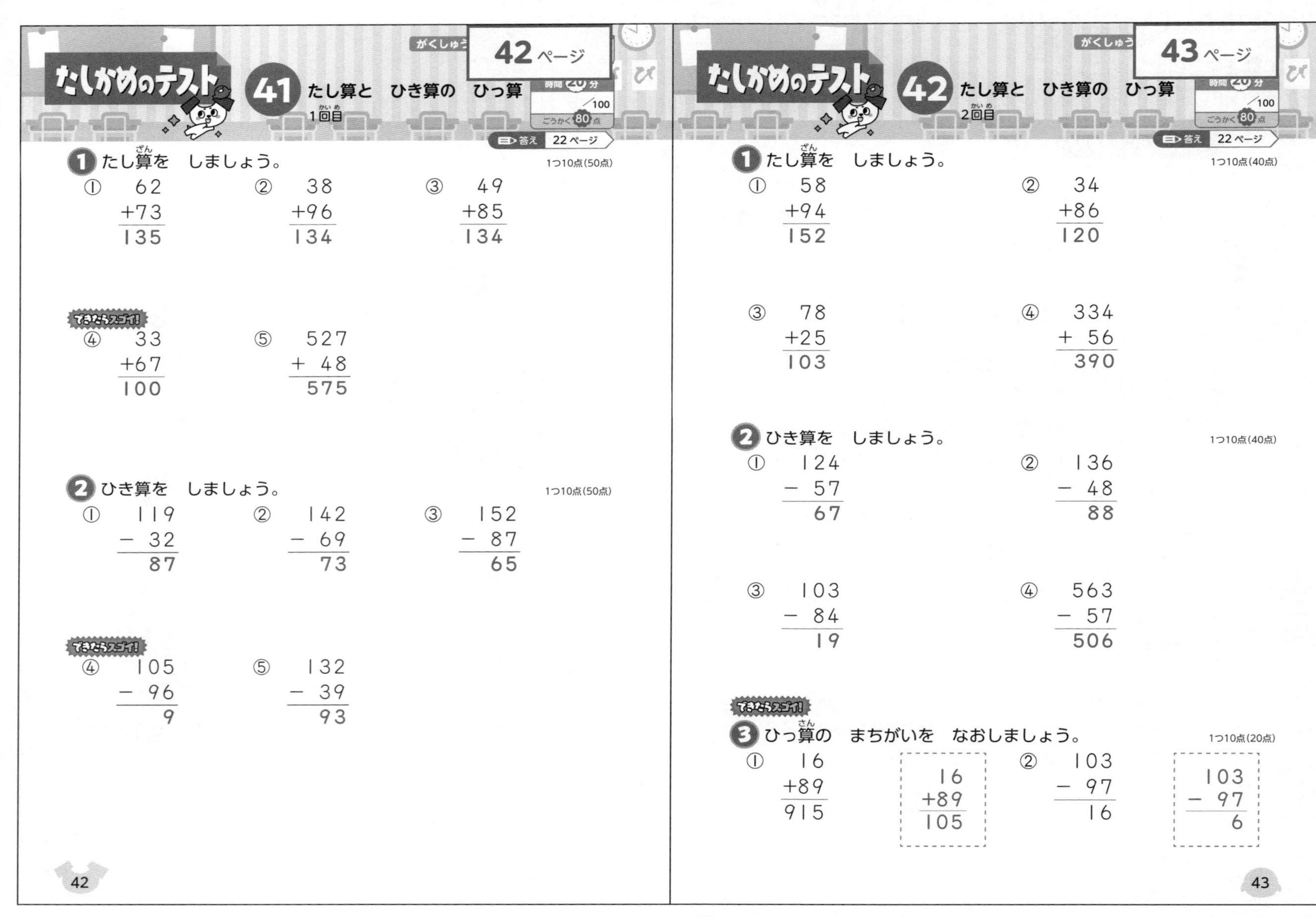
たしかめのテスト 41 たし算と ひき算の ひっ算 1回目
がくしゅう 42ページ 時間 20分 /100 ごうかく80点 答え 22ページ

1 たし算を しましょう。 1つ10点(50点)

① 62 +73 = 135
② 38 +96 = 134
③ 49 +85 = 134
できたらスゴイ! ④ 33 +67 = 100
⑤ 527 + 48 = 575

2 ひき算を しましょう。 1つ10点(50点)

① 119 − 32 = 87
② 142 − 69 = 73
③ 152 − 87 = 65
できたらスゴイ! ④ 105 − 96 = 9
⑤ 132 − 39 = 93

42

たしかめのテスト 42 たし算と ひき算の ひっ算 2回目
がくしゅう 43ページ 時間 20分 /100 ごうかく80点 答え 22ページ

1 たし算を しましょう。 1つ10点(40点)

① 58 +94 = 152
② 34 +86 = 120
③ 78 +25 = 103
④ 334 + 56 = 390

2 ひき算を しましょう。 1つ10点(40点)

① 124 − 57 = 67
② 136 − 48 = 88
③ 103 − 84 = 19
④ 563 − 57 = 506

できたらスゴイ! 3 ひっ算の まちがいを なおしましょう。 1つ10点(20点)

① 16 +89 = 915 → 16 +89 = 105
② 103 − 97 = 16 → 103 − 97 = 6

43

42ページ

1 ④一のくらいのたし算は、3+7=10で、十のくらいに1くり上がります。十のくらいのたし算は1+3+6=10
百のくらいには1をかきます。

2 ④一のくらいのひき算は、百のくらいから1くり下げて、十のくらいを10にします。十のくらいから1くり下げて、
15−6=9
十のくらいは9になったから、9−9=0

43ページ

2 ④一のくらいのひき算は、十のくらいから1くり下げて、
13−7=6
十のくらいのひき算は、1くり下げたから、
5−5=0
百のくらいには5をかきます。

3 ①十のくらいのたし算は、1くり上げたから、1+1+8=10になります。十のくらいには0、百のくらいには1をかきます。
②十のくらいは1くり下げたから、9になって、9−9=0になります。

43 しきと　計算

答え 23ページ

れいだい

★18+7+3を　計算しましょう。

とき方　18+(7+3)として　計算します。
18+(7+3) ➡ 18+10
18+10=28

（　）の　中は、さきに　計算します。7+3を　さきに　計算すると　かんたんに　できます。

1 計算を　しましょう。

① 14+(8+2)= 24
② 35+(3+2)=40
③ 36+(9+1)=46
④ 48+(17+3)=68
⑤ 29+(28+2)=59

2 （　）を　つかった　しきに　しましょう。

① 7+14+6=7+(14 + 6)
② 9+48+2=9+(48 + 2)
③ 45+7+23=45+(7 + 23)

まちがいちゅうい
④ 40+59+1=40+(59 + 1)

（　）を　うまく
つかうと
かんたんな
計算に　なるね。

ヒント　2 たす　じゅんじょを　かえても、答えは　同じに　なります。かんたんに　計算できるように　まとめましょう。

たしかめのテスト　44 しきと　計算

時間 20分　100　ごうかく 80点

答え 23ページ

1 計算を　しましょう。　1つ8点(40点)

① 65+(4+1)=70
② 29+(7+3)=39
③ 73+(8+2)=83
④ 16+(38+2)=56

できたらスゴイ!
⑤ 20+(78+2)=100

2 （　）を　つかった　しきに　しましょう。　1つ6点(60点)

① 13+18+2=13+(18 + 2)
② 9+45+5=9+(45 + 5)
③ 26+28+2=26+(28 + 2)
④ 49+8+42=49+(8 + 42)
⑤ 55+9+11=55+(9 + 11)

おうちのかたへ
計算がしやすくなるように工夫することは、今後の学習でも大切です。

44ページ

1 （　）の中をさきに計算します。
②3+2をさきに計算すると、3+2=5
35に5をたして、35+5=40
⑤28+2をさきに計算すると、28+2=30
29に30をたして、29+30=59

2 （　）の中を、何十になるようにすると、あとの計算がかんたんになります。
④59+1をさきに計算すると、あとの計算は40+60でできるようになります。

45ページ

1 ⑤78+2をさきに計算すると、78+2=80
20に80をたして、20+80=100

2 ④8+42をさきに計算すると、あとの計算は49+50でできるようになります。

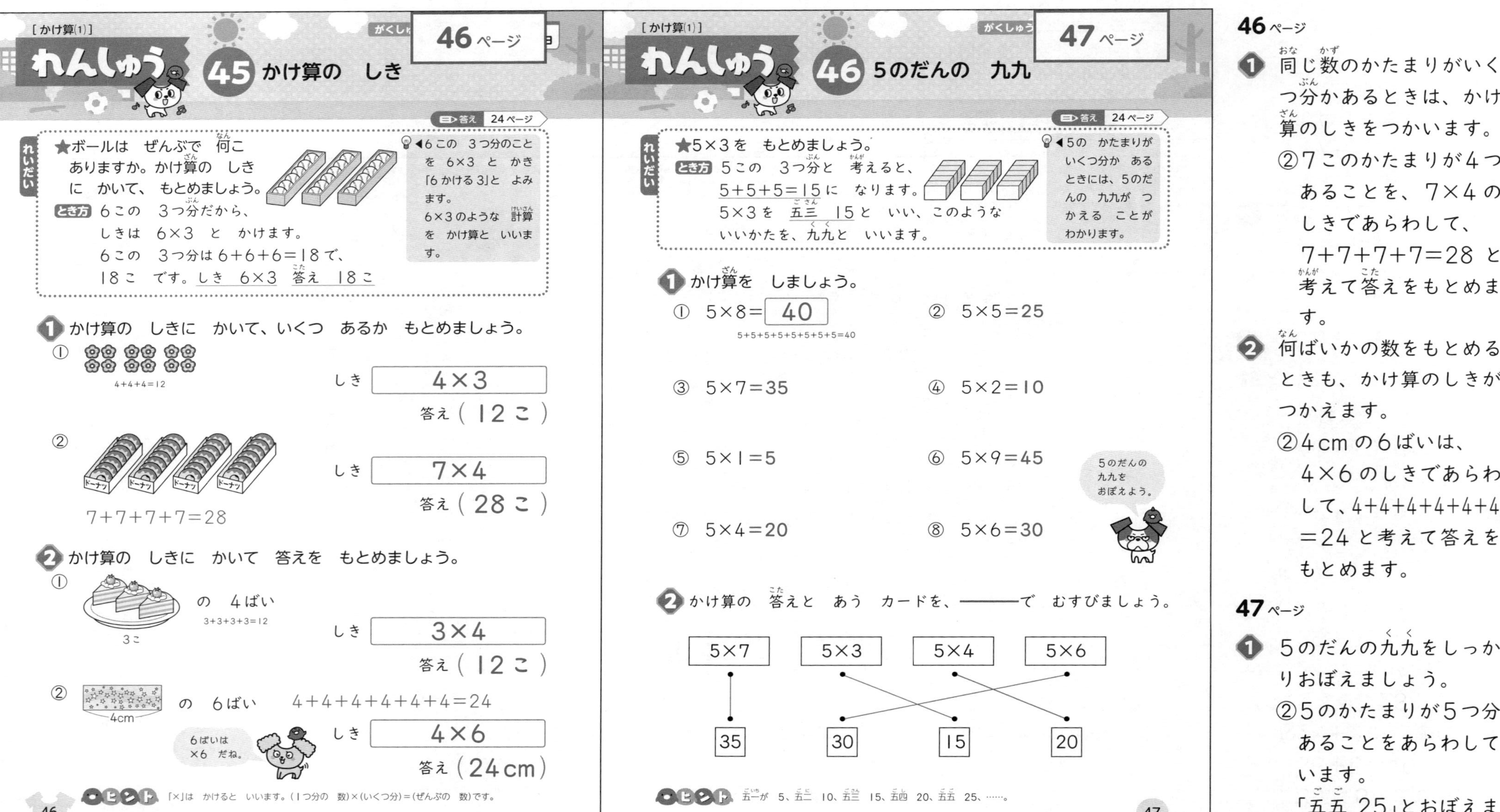

[かけ算(1)]

れんしゅう 45 かけ算の しき

46ページ

答え 24ページ

れいだい

★ボールは ぜんぶで 何こ ありますか。かけ算の しきに かいて、もとめましょう。

とき方 6この 3つ分だから、しきは 6×3 と かけます。6この 3つ分は 6+6+6=18 で、18こ です。しき 6×3 答え 18こ

◀6この 3つ分のことを 6×3 と かき「6かける3」と よみます。6×3のような 計算を かけ算と いいます。

1 かけ算の しきに かいて、いくつ あるか もとめましょう。

① 4+4+4=12　しき 4×3　答え（12こ）

② 7+7+7+7=28　しき 7×4　答え（28こ）

2 かけ算の しきに かいて 答えを もとめましょう。

① 3こ の 4ばい　3+3+3+3=12　しき 3×4　答え（12こ）

② 4cm の 6ばい　4+4+4+4+4+4=24　しき 4×6　答え（24cm）

6ばいは ×6 だね。

ヒント 「×」は かけると いいます。（1つ分の 数）×（いくつ分）＝（ぜんぶの 数）です。

46

[かけ算(1)]

れんしゅう 46 5のだんの 九九

47ページ

答え 24ページ

れいだい

★5×3を もとめましょう。

とき方 5この 3つ分と 考えると、5+5+5=15 に なります。5×3を 五三 15 と いい、このような いいかたを、九九と いいます。

◀5の かたまりが いくつ分か あるときには、5のだんの 九九が つかえる ことが わかります。

1 かけ算を しましょう。

① 5×8= 40　5+5+5+5+5+5+5+5=40

② 5×5=25

③ 5×7=35

④ 5×2=10

⑤ 5×1=5

⑥ 5×9=45

⑦ 5×4=20

⑧ 5×6=30

5のだんの 九九を おぼえよう。

2 かけ算の 答えと あう カードを、——で むすびましょう。

5×7 — 35　5×3 — 15　5×4 — 20　5×6 — 30

ヒント 五一が 5、五二 10、五三 15、五四 20、五五 25、……。

47

46ページ

1 同じ数のかたまりがいくつ分かあるときは、かけ算のしきをつかいます。

②7このかたまりが4つあることを、7×4のしきであらわして、7+7+7+7=28と考えて答えをもとめます。

2 何ばいかの数をもとめるときも、かけ算のしきがつかえます。

②4cmの6ばいは、4×6のしきであらわして、4+4+4+4+4+4=24と考えて答えをもとめます。

47ページ

1 5のだんの九九をしっかりおぼえましょう。

②5のかたまりが5つ分あることをあらわしています。

「五五 25」とおぼえましょう。

おうちのかたへ

5の段の九九は、1年生のときに、5とびで数を数えた経験からも、覚えやすい九九です。確実に言えるようにしましょう。

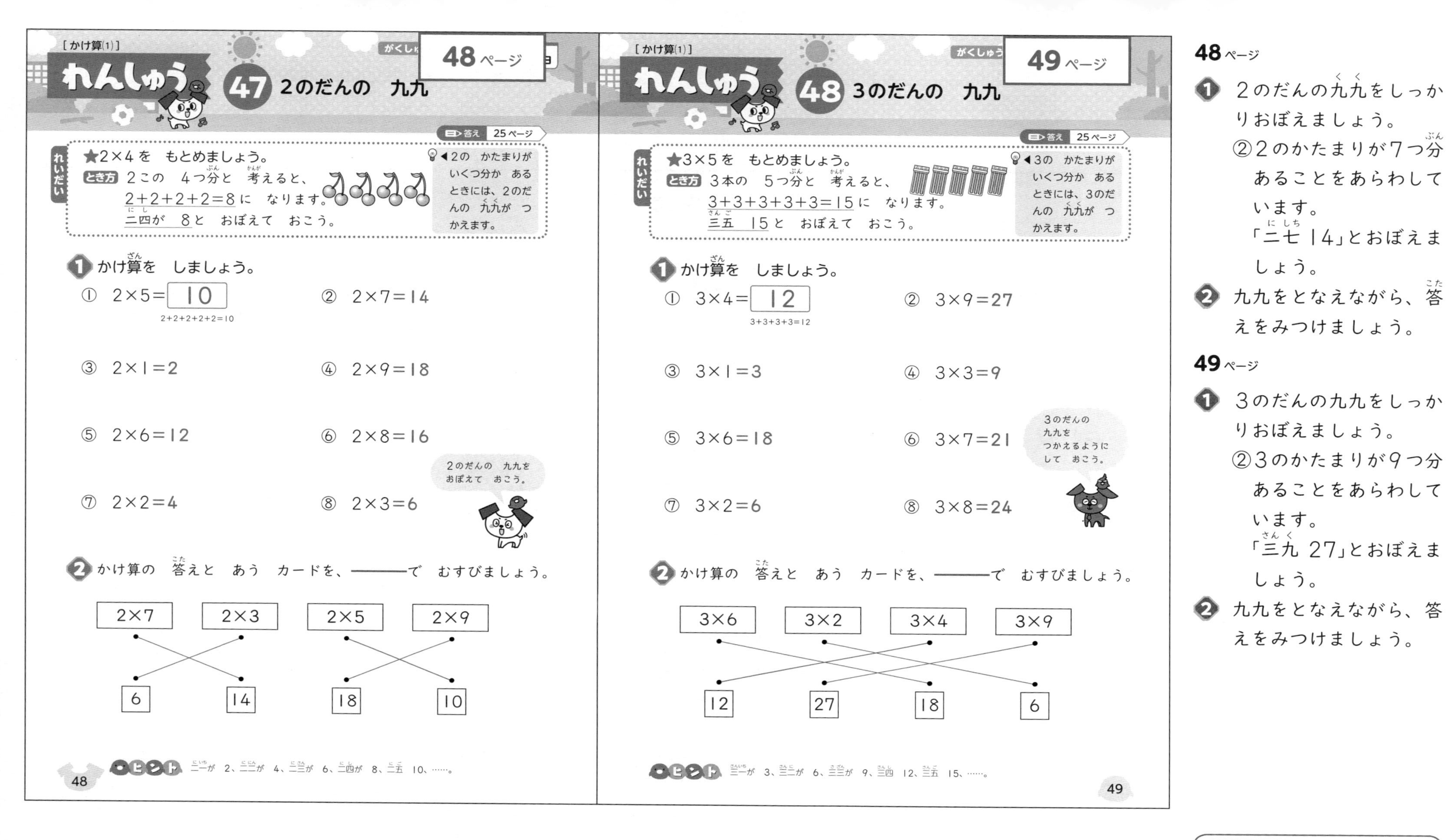

[かけ算(1)]

れんしゅう 47 2のだんの 九九

48ページ

答え 25ページ

れいだい ★2×4を もとめましょう。

とき方 2こ の 4つ分と 考えると、
2+2+2+2=8に なります。
二四が 8と おぼえて おこう。

◀2の かたまりが いくつ分か あるときには、2のだんの 九九が つかえます。

1 かけ算を しましょう。

① 2×5= 10 （2+2+2+2+2=10）
② 2×7=14
③ 2×1=2
④ 2×9=18
⑤ 2×6=12
⑥ 2×8=16
⑦ 2×2=4
⑧ 2×3=6

2のだんの 九九を おぼえて おこう。

2 かけ算の 答えと あう カードを、———で むすびましょう。

2×7　2×3　2×5　2×9

6　14　18　10

ヒント 二一が 2、二二が 4、二三が 6、二四が 8、二五 10、……。

48

[かけ算(1)]

れんしゅう 48 3のだんの 九九

49ページ

答え 25ページ

れいだい ★3×5を もとめましょう。

とき方 3本の 5つ分と 考えると、
3+3+3+3+3=15に なります。
三五 15と おぼえて おこう。

◀3の かたまりが いくつ分か あるときには、3のだんの 九九が つかえます。

1 かけ算を しましょう。

① 3×4= 12 （3+3+3+3=12）
② 3×9=27
③ 3×1=3
④ 3×3=9
⑤ 3×6=18
⑥ 3×7=21
⑦ 3×2=6
⑧ 3×8=24

3のだんの 九九を つかえるように して おこう。

2 かけ算の 答えと あう カードを、———で むすびましょう。

3×6　3×2　3×4　3×9

12　27　18　6

ヒント 三一が 3、三二が 6、三三が 9、三四 12、三五 15、……。

49

48ページ

1 2のだんの九九をしっかりおぼえましょう。
②2のかたまりが7つ分あることをあらわしています。
「二七 14」とおぼえましょう。

2 九九をとなえながら、答えをみつけましょう。

49ページ

1 3のだんの九九をしっかりおぼえましょう。
②3のかたまりが9つ分あることをあらわしています。
「三九 27」とおぼえましょう。

2 九九をとなえながら、答えをみつけましょう。

おうちのかたへ
2の段と3の段の九九を確実に言えるように、しっかり練習させてください。

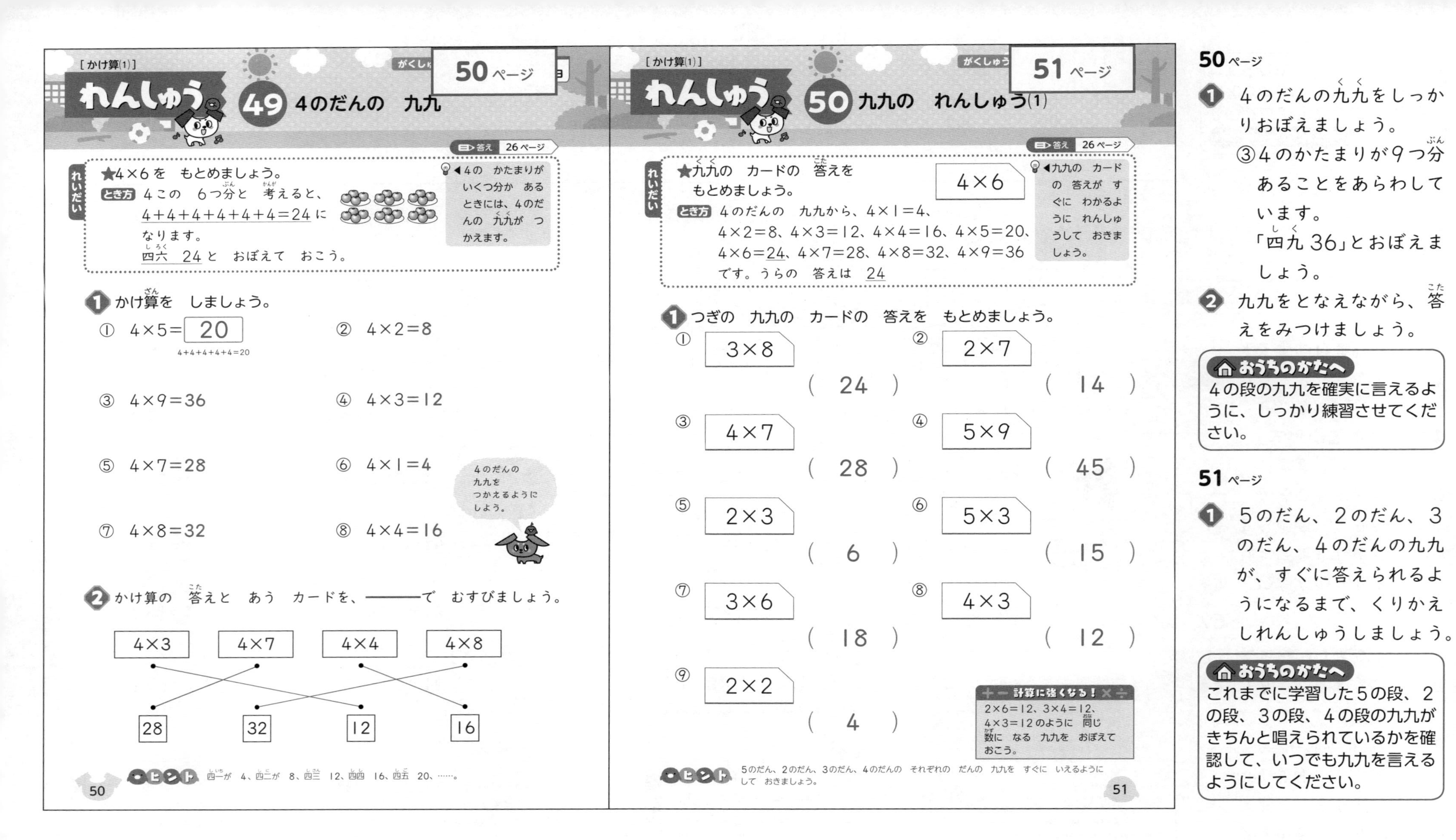

［かけ算(1)］

れんしゅう 49 4のだんの 九九

がくしゅう 50ページ

答え 26ページ

れいだい

★4×6を もとめましょう。

とき方 4この 6つ分と 考えると、4+4+4+4+4+4=24 に なります。

四六 24 と おぼえて おこう。

◀4の かたまりが いくつ分か ある ときには、4のだんの 九九が つかえます。

1 かけ算を しましょう。

① 4×5=20（4+4+4+4+4=20）　② 4×2=8

③ 4×9=36　④ 4×3=12

⑤ 4×7=28　⑥ 4×1=4

⑦ 4×8=32　⑧ 4×4=16

4のだんの 九九を つかえるように しよう。

2 かけ算の 答えと あう カードを、―――で むすびましょう。

4×3　4×7　4×4　4×8

28　32　12　16

ヒント 四一が 4、四二が 8、四三 12、四四 16、四五 20、……。

50

［かけ算(1)］

れんしゅう 50 九九の れんしゅう(1)

がくしゅう 51ページ

答え 26ページ

れいだい

★九九の カードの 答えを もとめましょう。

4×6

とき方 4のだんの 九九から、4×1=4、4×2=8、4×3=12、4×4=16、4×5=20、4×6=24、4×7=28、4×8=32、4×9=36 です。うらの 答えは 24

◀九九の カードの 答えが すぐに わかるように れんしゅうして おきましょう。

1 つぎの 九九の カードの 答えを もとめましょう。

① 3×8（ 24 ）　② 2×7（ 14 ）

③ 4×7（ 28 ）　④ 5×9（ 45 ）

⑤ 2×3（ 6 ）　⑥ 5×3（ 15 ）

⑦ 3×6（ 18 ）　⑧ 4×3（ 12 ）

⑨ 2×2（ 4 ）

＋－ 計算に強くなる！ ×÷
2×6=12、3×4=12、4×3=12のように 同じ 数に なる 九九を おぼえて おこう。

ヒント 5のだん、2のだん、3のだん、4のだんの それぞれの だんの 九九を すぐに いえるように して おきましょう。

51

50ページ

1 4のだんの九九をしっかりおぼえましょう。

③4のかたまりが9つ分あることをあらわしています。

「四九 36」とおぼえましょう。

2 九九をとなえながら、答えをみつけましょう。

おうちのかたへ
4の段の九九を確実に言えるように、しっかり練習させてください。

51ページ

1 5のだん、2のだん、3のだん、4のだんの九九が、すぐに答えられるようになるまで、くりかえしれんしゅうしましょう。

おうちのかたへ
これまでに学習した5の段、2の段、3の段、4の段の九九がきちんと唱えられているかを確認して、いつでも九九を言えるようにしてください。

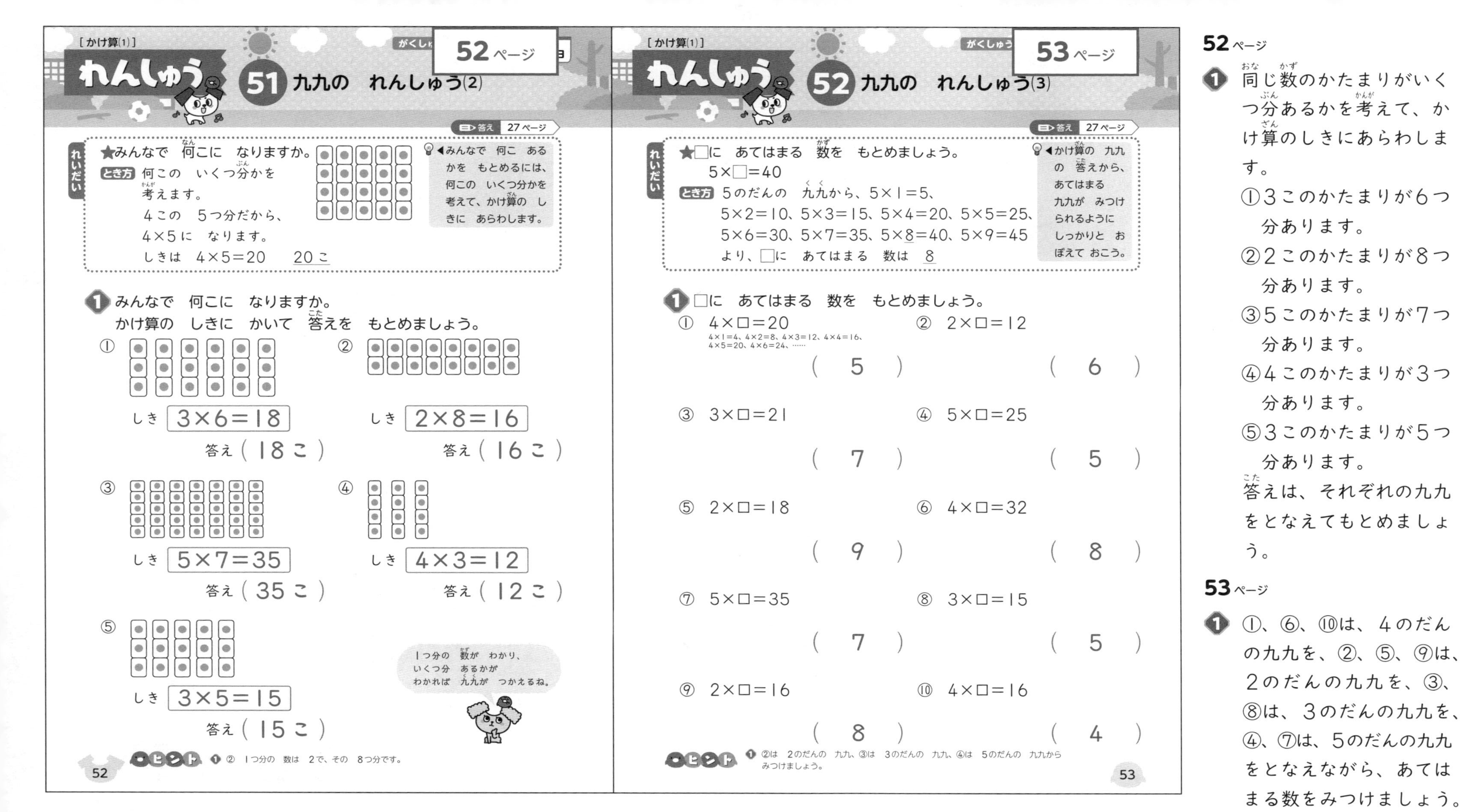

[かけ算(1)]

れんしゅう 51 九九の れんしゅう(2)

がくしゅう 52ページ

答え 27ページ

れいだい

★みんなで 何こに なりますか。

とき方 何この いくつ分かを考えます。
4この 5つ分だから、
4×5に なります。
しきは 4×5=20 20こ

◀みんなで 何こ あるかを もとめるには、何この いくつ分かを考えて、かけ算の しきに あらわします。

❶ みんなで 何こに なりますか。
かけ算の しきに かいて 答えを もとめましょう。

① しき 3×6=18 答え（18こ）

② しき 2×8=16 答え（16こ）

③ しき 5×7=35 答え（35こ）

④ しき 4×3=12 答え（12こ）

⑤ しき 3×5=15 答え（15こ）

1つ分の 数が わかり、いくつ分 あるかが わかれば 九九が つかえるね。

ヒント ❶ ② 1つ分の 数は 2で、その 8つ分です。

52

[かけ算(1)]

れんしゅう 52 九九の れんしゅう(3)

がくしゅう 53ページ

答え 27ページ

れいだい

★□に あてはまる 数を もとめましょう。
5×□=40

とき方 5のだんの 九九から、5×1=5、
5×2=10、5×3=15、5×4=20、5×5=25、
5×6=30、5×7=35、5×8=40、5×9=45
より、□に あてはまる 数は 8

◀かけ算の 九九の 答えから、あてはまる 九九が みつけられるように しっかりと おぼえて おこう。

❶ □に あてはまる 数を もとめましょう。

① 4×□=20 （5）
4×1=4、4×2=8、4×3=12、4×4=16、4×5=20、4×6=24、……

② 2×□=12 （6）

③ 3×□=21 （7）

④ 5×□=25 （5）

⑤ 2×□=18 （9）

⑥ 4×□=32 （8）

⑦ 5×□=35 （7）

⑧ 3×□=15 （5）

⑨ 2×□=16 （8）

⑩ 4×□=16 （4）

ヒント ❶ ②は 2のだんの 九九、③は 3のだんの 九九、④は 5のだんの 九九から みつけましょう。

53

52ページ

❶ 同じ数のかたまりがいくつ分あるかを考えて、かけ算のしきにあらわします。
①3このかたまりが6つ分あります。
②2このかたまりが8つ分あります。
③5このかたまりが7つ分あります。
④4このかたまりが3つ分あります。
⑤3このかたまりが5つ分あります。
答えは、それぞれの九九をとなえてもとめましょう。

53ページ

❶ ①、⑥、⑩は、4のだんの九九を、②、⑤、⑨は、2のだんの九九を、③、⑧は、3のだんの九九を、④、⑦は、5のだんの九九をとなえながら、あてはまる数をみつけましょう。

がくしゅう 54ページ

たしかめのテスト 53 かけ算(1) 1回目

時間 20分　/100　ごうかく 80点　答え 28ページ

1 かけ算の　しきに　かいて、ぜんぶの　数を　もとめましょう。　しき・答え　1つ10点(40点)

① 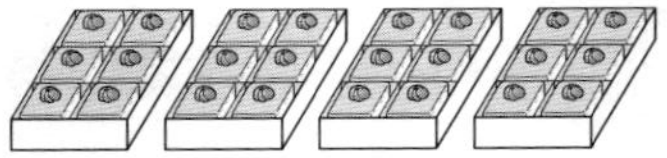　しき　6×4

6+6+6+6=24　答え（ 24 こ ）

② 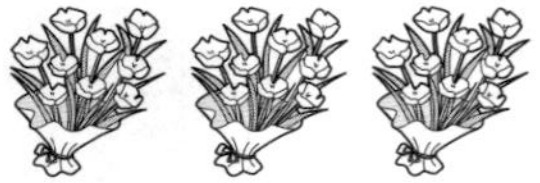　しき　9×3

9+9+9=27　答え（ 27 本 ）

2 かけ算を　しましょう。　1つ10点(50点)

① 2×3=6　② 3×9=27

③ 4×7=28　④ 5×6=30

⑤ 5×9=45

できたらスゴイ!

3 活用　5のだん、2のだん、3のだん、4のだんの　九九で　答えが　12に　なる　しきを　すべて　かきましょう。　(10点)

（ 2×6、3×4、4×3 ）

がくしゅう 55ページ

たしかめのテスト 54 かけ算(1) 2回目

時間 20分　/100　ごうかく 80点　答え 28ページ

1 いくつに　なりますか。答えを　もとめましょう。　1つ10点(20点)

① 9の　3ばい　9+9+9=27　（ 27 ）

② 7の　5ばい　7+7+7+7+7=35　（ 35 ）

2 かけ算を　しましょう。　1つ10点(60点)

① 5×8=40　② 4×6=24

③ 3×7=21　④ 2×5=10

⑤ 4×9=36　⑥ 5×7=35

できたらスゴイ!

3 □に　あてはまる　数を　かきましょう。　1つ10点(20点)

① 3×[6]=18

② [4]×5=20

54ページ

1 ①6このかたまりが4つ分あるから、6×4であらわします。答えは、6+6+6+6=24と考えてもとめます。

②9本のかたまりが3つ分あるから、9×3であらわします。答えは、9+9+9=27と考えてもとめます。

3 5のだん、2のだん、3のだん、4のだんの九九をじゅんにとなえて、12になる九九のしきをみつけましょう。

55ページ

1 ①9が3つ分あるということだから、9+9+9=27と考えて、答えをもとめます。

②7が5つ分あるということだから、7+7+7+7+7=35と考えて、答えをもとめます。

3 ①3のだんの九九で、答えが18になるのは、「三六 18」だから、6があてはまります。

②かけられる数とかける数を入れかえても答えは同じです。5×□=20と考えます。5のだんの九九の中で、答えが20になるのは、「五四 20」だから、4があてはまります。

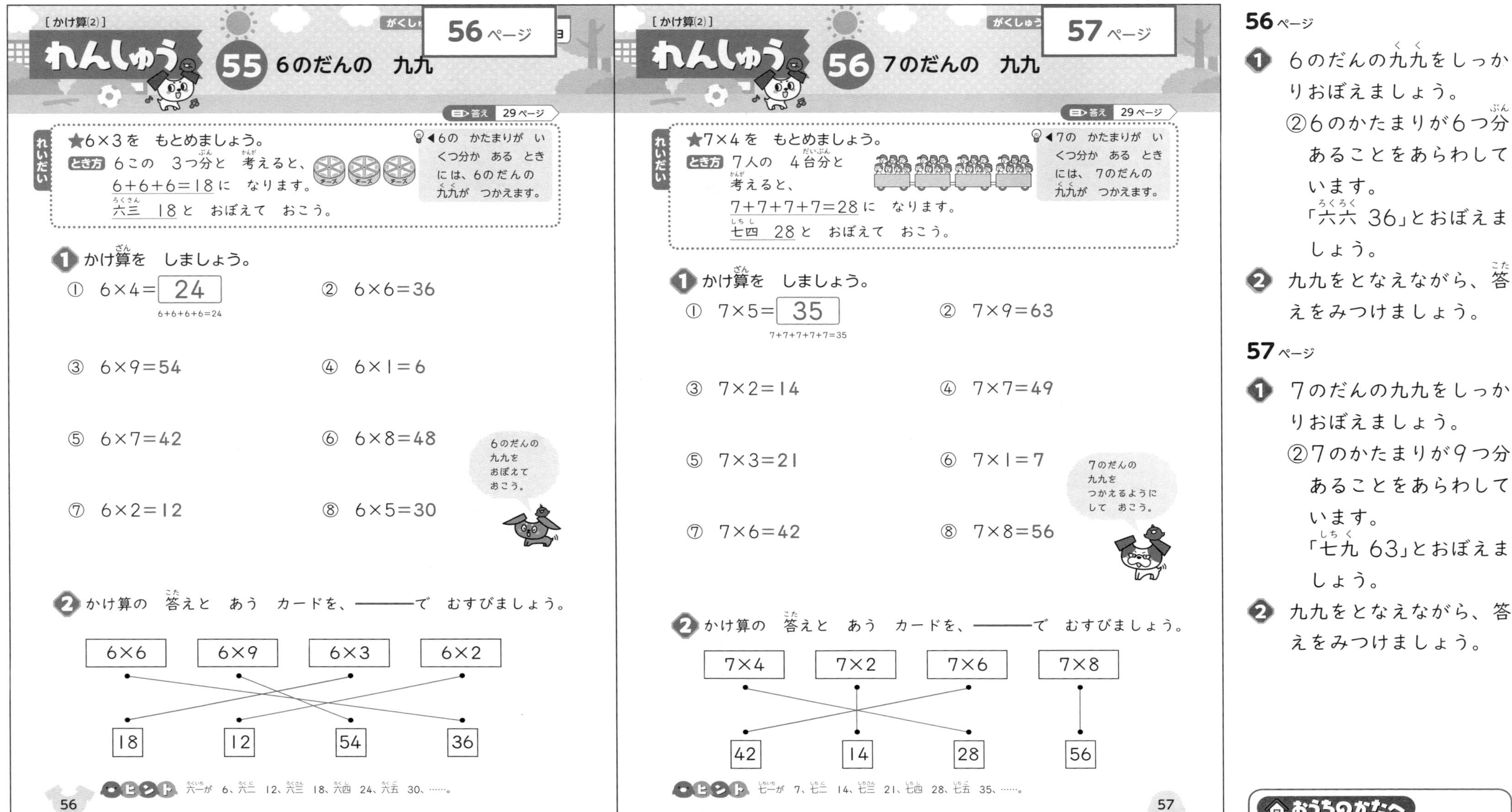
［かけ算(2)］

れんしゅう 55 6のだんの 九九

56ページ

答え 29ページ

れいだい ★6×3を もとめましょう。

とき方 6この 3つ分と 考えると、6+6+6=18に なります。六三 18と おぼえて おこう。

◀6の かたまりが いくつ分か ある ときには、6のだんの 九九が つかえます。

❶ かけ算を しましょう。

① 6×4= 24（6+6+6+6=24）　② 6×6=36

③ 6×9=54　④ 6×1=6

⑤ 6×7=42　⑥ 6×8=48

⑦ 6×2=12　⑧ 6×5=30

6のだんの 九九を おぼえて おこう。

❷ かけ算の 答えと あう カードを、――― で むすびましょう。

6×6 ― 36、6×9 ― 54、6×3 ― 18、6×2 ― 12

ヒント 六一が 6、六二 12、六三 18、六四 24、六五 30、……。

56

［かけ算(2)］

れんしゅう 56 7のだんの 九九

57ページ

答え 29ページ

れいだい ★7×4を もとめましょう。

とき方 7人の 4台分と 考えると、7+7+7+7=28に なります。七四 28と おぼえて おこう。

◀7の かたまりが いくつ分か ある ときには、7のだんの 九九が つかえます。

❶ かけ算を しましょう。

① 7×5= 35（7+7+7+7+7=35）　② 7×9=63

③ 7×2=14　④ 7×7=49

⑤ 7×3=21　⑥ 7×1=7

⑦ 7×6=42　⑧ 7×8=56

7のだんの 九九を つかえるように して おこう。

❷ かけ算の 答えと あう カードを、――― で むすびましょう。

7×4 ― 28、7×2 ― 14、7×6 ― 42、7×8 ― 56

ヒント 七一が 7、七二 14、七三 21、七四 28、七五 35、……。

57

56ページ

❶ 6のだんの九九をしっかりおぼえましょう。

②6のかたまりが6つ分あることをあらわしています。「六六 36」とおぼえましょう。

❷ 九九をとなえながら、答えをみつけましょう。

57ページ

❶ 7のだんの九九をしっかりおぼえましょう。

②7のかたまりが9つ分あることをあらわしています。「七九 63」とおぼえましょう。

❷ 九九をとなえながら、答えをみつけましょう。

おうちのかたへ

6の段、7の段の九九を確実に言えるように、しっかり練習させてください。特に7の段の九九は、まちがえやすいので、気をつけてあげてください。

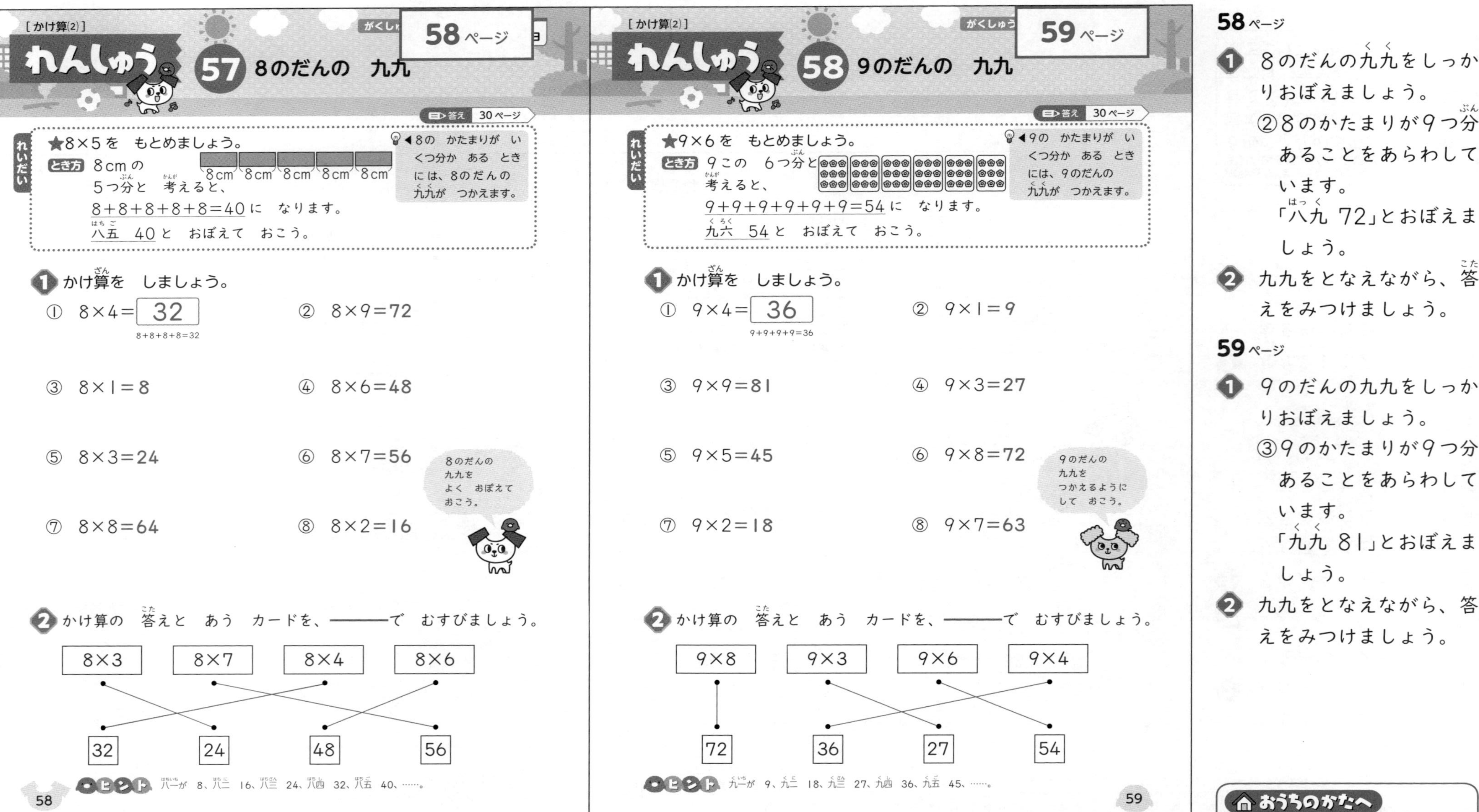

[かけ算(2)]
れんしゅう
57 8のだんの 九九
58ページ
答え 30ページ
れいだい
★8×5を もとめましょう。
とき方 8cmの 5つ分と 考えると、
8cm 8cm 8cm 8cm 8cm
8+8+8+8+8=40に なります。
八五 40と おぼえて おこう。
8の かたまりが いくつ分か ある ときには、8のだんの 九九が つかえます。
1 かけ算を しましょう。
① 8×4=32
8+8+8+8=32
② 8×9=72
③ 8×1=8
④ 8×6=48
⑤ 8×3=24
⑥ 8×7=56
⑦ 8×8=64
⑧ 8×2=16
8のだんの 九九を よく おぼえて おこう。
2 かけ算の 答えと あう カードを、――で むすびましょう。
8×3
8×7
8×4
8×6
32
24
48
56
ヒント 八一が 8、八二 16、八三 24、八四 32、八五 40、……。
58
[かけ算(2)]
れんしゅう
58 9のだんの 九九
59ページ
答え 30ページ
れいだい
★9×6を もとめましょう。
とき方 9この 6つ分と 考えると、
9+9+9+9+9+9=54に なります。
九六 54と おぼえて おこう。
9の かたまりが いくつ分か ある ときには、9のだんの 九九が つかえます。
1 かけ算を しましょう。
① 9×4=36
9+9+9+9=36
② 9×1=9
③ 9×9=81
④ 9×3=27
⑤ 9×5=45
⑥ 9×8=72
⑦ 9×2=18
⑧ 9×7=63
9のだんの 九九を つかえるように して おこう。
2 かけ算の 答えと あう カードを、――で むすびましょう。
9×8
9×3
9×6
9×4
72
36
27
54
ヒント 九一が 9、九二 18、九三 27、九四 36、九五 45、……。
59

58ページ

1 8のだんの九九をしっかりおぼえましょう。
②8のかたまりが9つ分あることをあらわしています。
「八九 72」とおぼえましょう。

2 九九をとなえながら、答えをみつけましょう。

59ページ

1 9のだんの九九をしっかりおぼえましょう。
③9のかたまりが9つ分あることをあらわしています。
「九九 81」とおぼえましょう。

2 九九をとなえながら、答えをみつけましょう。

おうちのかたへ
8の段、9の段の九九を確実に言えるように、しっかり練習させてください。8の段、9の段の九九は、まちがえやすいので、気をつけてあげてください。

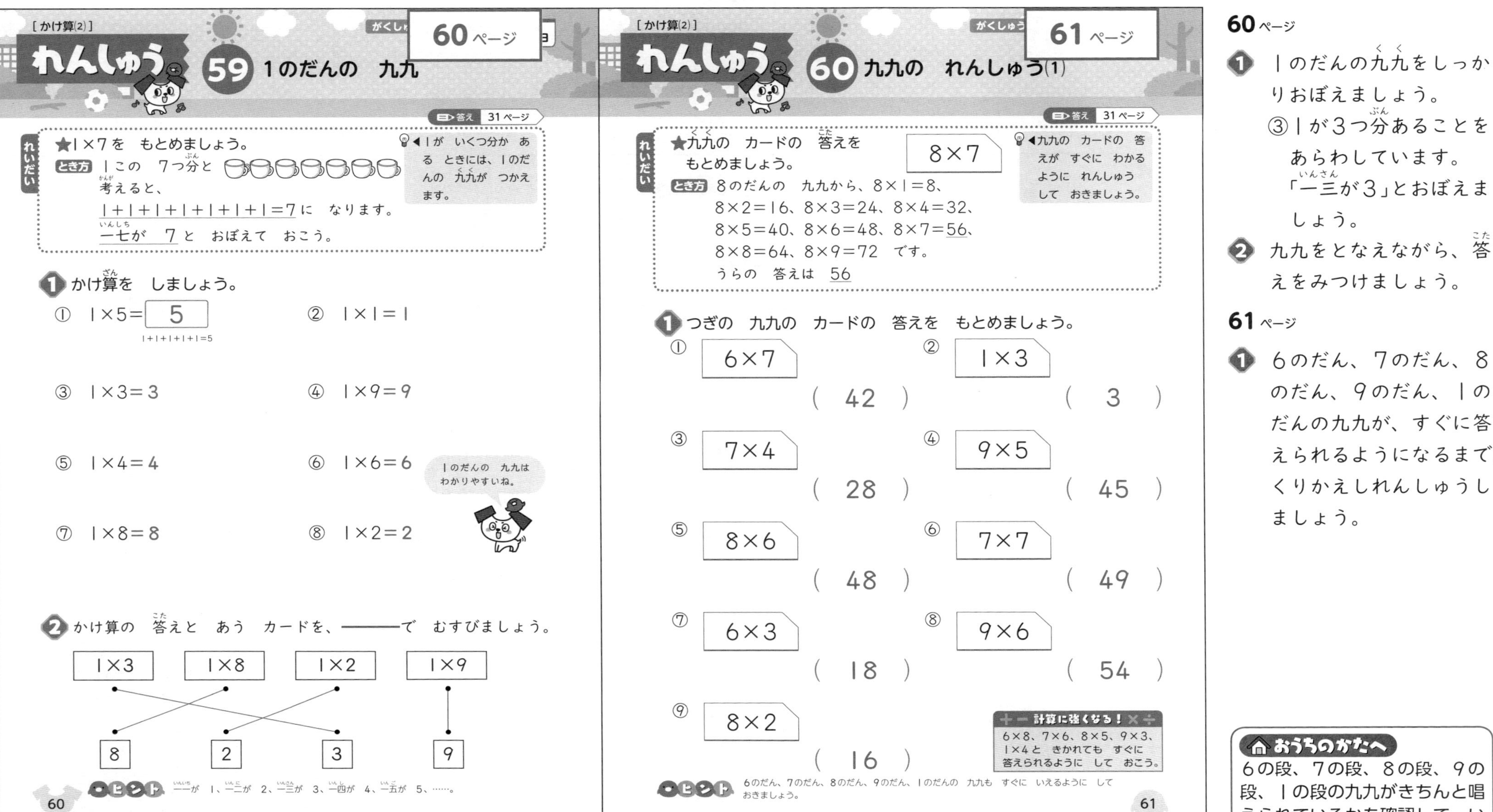
[かけ算(2)]
れんしゅう
59 1のだんの　九九
がくしゅう 60ページ
答え 31ページ
れいだい
★1×7を　もとめましょう。
とき方 1この　7つ分と　考えると、
1+1+1+1+1+1+1=7に　なります。
一七が　7と　おぼえて　おこう。
◀1が　いくつ分か　あるときには、1のだんの　九九が　つかえます。
1 かけ算を　しましょう。
① 1×5= 5 (1+1+1+1+1=5)
② 1×1=1
③ 1×3=3
④ 1×9=9
⑤ 1×4=4
⑥ 1×6=6
⑦ 1×8=8
⑧ 1×2=2
1のだんの　九九は　わかりやすいね。
2 かけ算の　答えと　あう　カードを、———で　むすびましょう。
1×3　1×8　1×2　1×9
8　2　3　9
ヒント 一一が　1、一二が　2、一三が　3、一四が　4、一五が　5、……。
60

[かけ算(2)]
れんしゅう
60 九九の　れんしゅう(1)
がくしゅう 61ページ
答え 31ページ
れいだい
★九九の　カードの　答えを　もとめましょう。 8×7
とき方 8のだんの　九九から、8×1=8、
8×2=16、8×3=24、8×4=32、
8×5=40、8×6=48、8×7=56、
8×8=64、8×9=72　です。
うらの　答えは　56
◀九九の　カードの　答えが　すぐに　わかるように　れんしゅうして　おきましょう。
1 つぎの　九九の　カードの　答えを　もとめましょう。
① 6×7 (42)
② 1×3 (3)
③ 7×4 (28)
④ 9×5 (45)
⑤ 8×6 (48)
⑥ 7×7 (49)
⑦ 6×3 (18)
⑧ 9×6 (54)
⑨ 8×2 (16)
計算に強くなる！
6×8、7×6、8×5、9×3、1×4と　きかれても　すぐに　答えられるように　して　おこう。
ヒント 6のだん、7のだん、8のだん、9のだん、1のだんの　九九も　すぐに　いえるように　して　おきましょう。
61

60 ページ

1 1のだんの九九をしっかりおぼえましょう。

③1が3つ分あることをあらわしています。
「一三が3」とおぼえましょう。

2 九九をとなえながら、答えをみつけましょう。

61 ページ

1 6のだん、7のだん、8のだん、9のだん、1のだんの九九が、すぐに答えられるようになるまで、くりかえしれんしゅうしましょう。

おうちのかたへ
6の段、7の段、8の段、9の段、1の段の九九がきちんと唱えられているかを確認して、いつでも九九を言えるようにしてください。特に、7の段、8の段、9の段の九九は、何度も練習させてください。

62ページ

❶ 同じ数のかたまりがいくつ分あるかを考えて、かけ算のしきにあらわします。

①1こが7つ分あります。

②9このかたまりが6つ分あります。

③7このかたまりが4つ分あります。

④6このかたまりが8つ分あります。

⑤8このかたまりが5つ分あります。

答えは、それぞれの九九をとなえてもとめましょう。

63ページ

❶ ①、⑦は、6のだんの九九を、②、⑥は、9のだんの九九を、③、⑧は、8のだんの九九を、④、⑨は、7のだんの九九を、⑤、⑩は1のだんの九九をとなえながら、あてはまる数をみつけましょう。

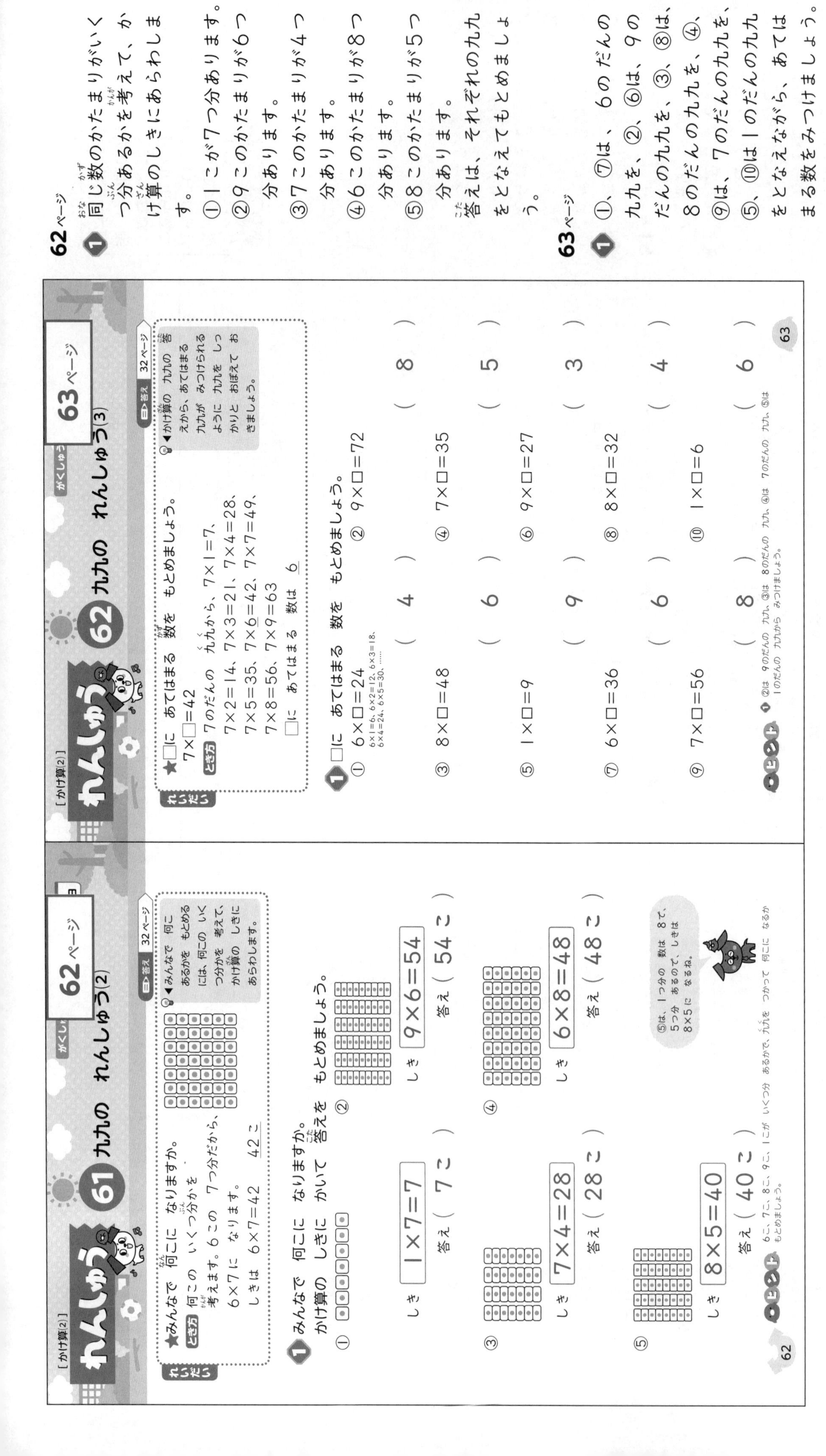

[かけ算(2)]
れんしゅう 61 九九の れんしゅう(2)
62ページ

れいだい ★みんなで 何こに なりますか。

とき方 何この いくつ分かを 考えます。6この 7つ分だから、6×7に なります。
しきは 6×7=42　42こ

答え 32ページ　◀みんなで 何こ あるかを もとめるには、何この いくつ分かを 考えて、かけ算の しきに あらわします。

❶ みんなで 何こに なりますか。かけ算の しきに かいて 答えを もとめましょう。

① しき 1×7=7　答え（7こ）

② しき 9×6=54　答え（54こ）

③ しき 7×4=28　答え（28こ）

④ しき 6×8=48　答え（48こ）

⑤ しき 8×5=40　答え（40こ）

⑤は、1つ分の 数は 8で、5つ分 あるので、しきは 8×5に なるね。

ヒント ❶ 6こ、7こ、8こ、9こ、1こが いくつ分 あるかで、九九を つかって 何こに なるか もとめましょう。

62

[かけ算(2)]
れんしゅう 62 九九の れんしゅう(3)
63ページ

れいだい ★□に あてはまる 数を もとめましょう。
7×□=42

とき方 7のだんの 九九から、7×1=7、7×2=14、7×3=21、7×4=28、7×5=35、7×6=42、7×7=49、7×8=56、7×9=63
□に あてはまる 数は 6

答え 32ページ　◀かけ算の 九九の 答えから、あてはまる 九九が みつけられるように 九九を しっかりと おぼえて おきましょう。

❶ □に あてはまる 数を もとめましょう。

① 6×□=24　（4）
6×1=6、6×2=12、6×3=18、6×4=24、6×5=30、……

② 9×□=72　（8）

③ 8×□=48　（6）

④ 7×□=35　（5）

⑤ 1×□=9　（9）

⑥ 9×□=27　（3）

⑦ 6×□=36　（6）

⑧ 8×□=32　（4）

⑨ 7×□=56　（8）

⑩ 1×□=6　（6）

ヒント ❶ ②は 9のだんの 九九、③は 8のだんの 九九、④は 7のだんの 九九、⑤は 1のだんの 九九から みつけましょう。

63

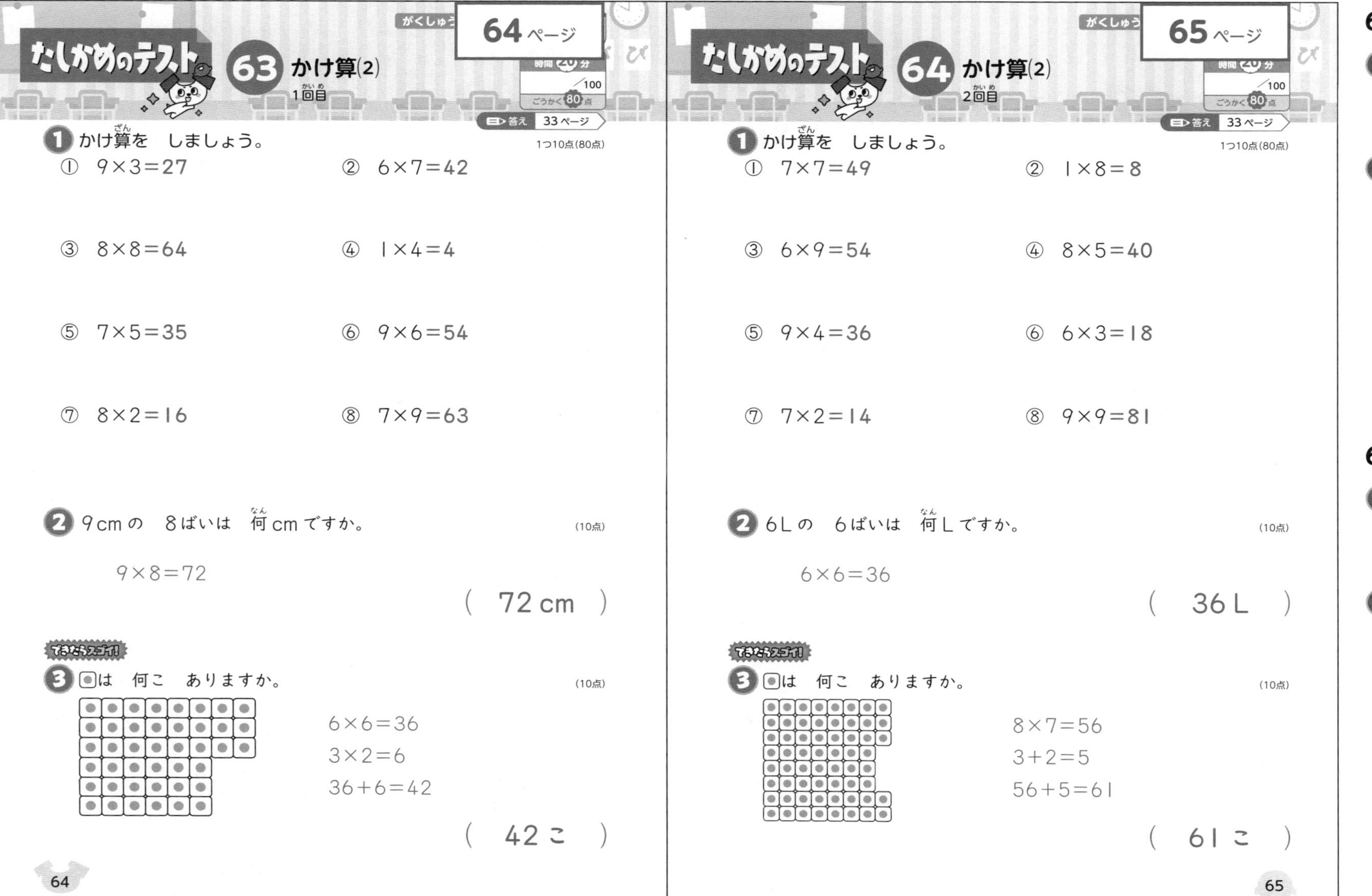

64ページ

たしかめのテスト 63 かけ算(2) 1回目

時間 20分 ／100 ごうかく 80点

答え 33ページ

1 かけ算を しましょう。 1つ10点(80点)

① 9×3=27 ② 6×7=42

③ 8×8=64 ④ 1×4=4

⑤ 7×5=35 ⑥ 9×6=54

⑦ 8×2=16 ⑧ 7×9=63

2 9cmの 8ばいは 何cmですか。 (10点)

9×8=72

(72cm)

できたらスゴイ!

3 ●は 何こ ありますか。 (10点)

6×6=36
3×2=6
36+6=42

(42こ)

64

65ページ

たしかめのテスト 64 かけ算(2) 2回目

時間 20分 ／100 ごうかく 80点

答え 33ページ

1 かけ算を しましょう。 1つ10点(80点)

① 7×7=49 ② 1×8=8

③ 6×9=54 ④ 8×5=40

⑤ 9×4=36 ⑥ 6×3=18

⑦ 7×2=14 ⑧ 9×9=81

2 6Lの 6ばいは 何Lですか。 (10点)

6×6=36

(36L)

できたらスゴイ!

3 ●は 何こ ありますか。 (10点)

8×7=56
3+2=5
56+5=61

(61こ)

65

64ページ

2 9cmが8つ分あるということだから、
9×8=72で72cm。

3 上のように分けると、
6×6=36、3×2=6
から、
36+6=42で42こ。

65ページ

2 6Lが6つ分あるということだから、
6×6=36で36L。

3 上のように分けると、
8×7=56、3+2=5
から、
56+5=61で61こ。

おうちのかたへ
64、65ページの3の分け方は他にもあります。個数が計算で求められるような分け方を考えてみましょう。

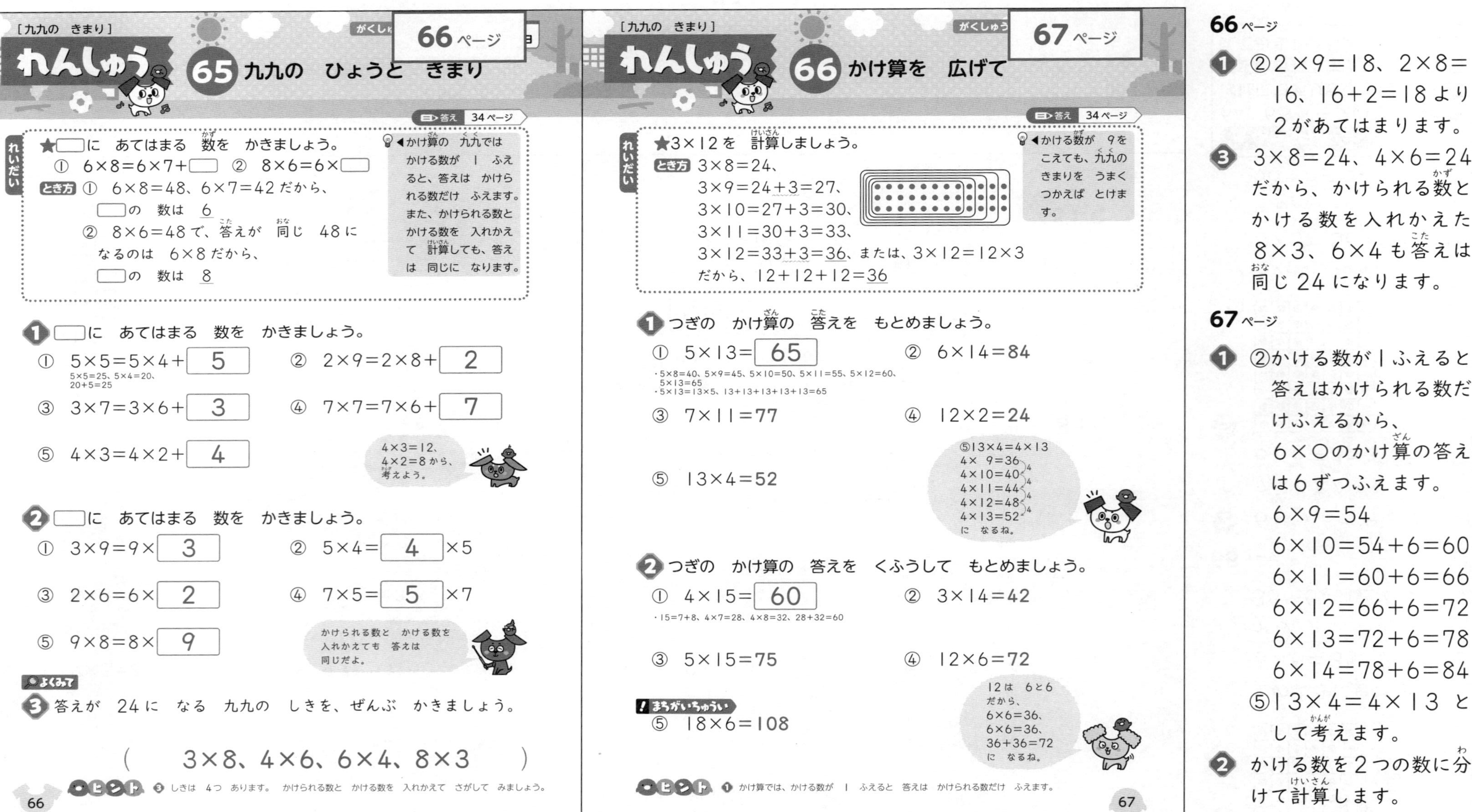

[九九の きまり]

れんしゅう 65 九九の ひょうと きまり

66ページ

答え 34ページ

れいだい

★□に あてはまる 数を かきましょう。

① 6×8=6×7+□ ② 8×6=6×□

とき方 ① 6×8=48、6×7=42 だから、□の 数は 6

② 8×6=48 で、答えが 同じ 48 に なるのは 6×8 だから、□の 数は 8

◀かけ算の 九九では かける数が 1 ふえると、答えは かけられる数だけ ふえます。また、かけられる数と かける数を 入れかえて 計算しても、答えは 同じに なります。

1 □に あてはまる 数を かきましょう。

① 5×5=5×4+ 5 　② 2×9=2×8+ 2

5×5=25、5×4=20、20+5=25

③ 3×7=3×6+ 3 　④ 7×7=7×6+ 7

⑤ 4×3=4×2+ 4

4×3=12、4×2=8 から、考えよう。

2 □に あてはまる 数を かきましょう。

① 3×9=9× 3 　② 5×4= 4 ×5

③ 2×6=6× 2 　④ 7×5= 5 ×7

⑤ 9×8=8× 9

かけられる数と かける数を 入れかえても 答えは 同じだよ。

よくみて

3 答えが 24に なる 九九の しきを、ぜんぶ かきましょう。

(3×8、4×6、6×4、8×3)

ヒント 3 しきは 4つ あります。 かけられる数と かける数を 入れかえて さがして みましょう。

66

[九九の きまり]

れんしゅう 66 かけ算を 広げて

67ページ

答え 34ページ

れいだい

★3×12を 計算しましょう。

とき方 3×8=24、
3×9=24+3=27、
3×10=27+3=30、
3×11=30+3=33、
3×12=33+3=36、または、3×12=12×3
だから、12+12+12=36

◀かける数が 9を こえても、九九の きまりを うまく つかえば とけます。

1 つぎの かけ算の 答えを もとめましょう。

① 5×13= 65 　② 6×14=84

・5×8=40、5×9=45、5×10=50、5×11=55、5×12=60、5×13=65
・5×13=13×5、13+13+13+13+13=65

③ 7×11=77 　④ 12×2=24

⑤ 13×4=52

⑤13×4=4×13
4×9=36
4×10=40
4×11=44
4×12=48
4×13=52
に なるね。

2 つぎの かけ算の 答えを くふうして もとめましょう。

① 4×15= 60 　② 3×14=42

・15=7+8、4×7=28、4×8=32、28+32=60

③ 5×15=75 　④ 12×6=72

まちがいちゅうい

⑤ 18×6=108

12は 6と6 だから、6×6=36、6×6=36、36+36=72 に なるね。

ヒント 1 かけ算では、かける数が 1 ふえると 答えは かけられる数だけ ふえます。

67

⑤18×6=6×18
18=9+9とみて、6×9=54、6×9=54より、
54+54=108

66ページ

1 ②2×9=18、2×8=16、16+2=18より、2があてはまります。

3 3×8=24、4×6=24だから、かけられる数とかける数を入れかえた8×3、6×4も答えは同じ24になります。

67ページ

1 ②かける数が1ふえると、答えはかけられる数だけふえるから、6×○のかけ算の答えは6ずつふえます。

6×9=54
6×10=54+6=60
6×11=60+6=66
6×12=66+6=72
6×13=72+6=78
6×14=78+6=84

⑤13×4=4×13として考えます。

2 かける数を2つの数に分けて計算します。

②14=7+7とみて、3×7=21、3×7=21より、21+21=42

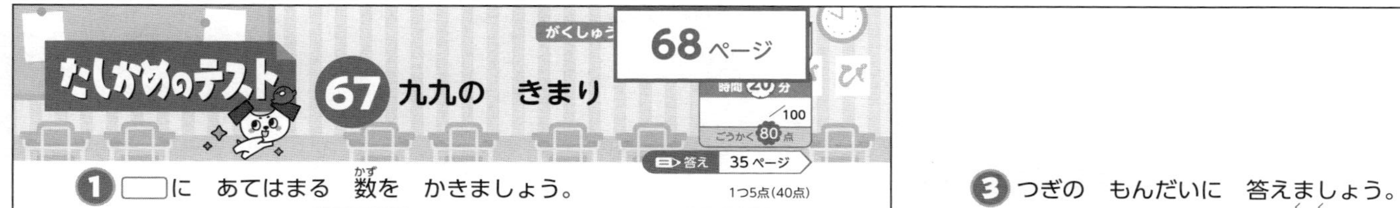

たしかめのテスト
67 九九の　きまり
がくしゅう
時間 20分
100
ごうかく 80点
答え 35ページ

68ページ

1 □に　あてはまる　数を　かきましょう。　1つ5点(40点)

① 7×6=7×5+[7]　② 2×6=2×5+[2]

③ 4×8=4×7+[4]　④ 9×3=9×2+[9]

⑤ 6×4=[4]×6　⑥ 5×7=[7]×5

⑦ 3×5=[5]×3　⑧ 8×2=[2]×8

2 つぎの　かけ算の　答えを　もとめましょう。　1つ6点(30点)

① 2×14=28　② 8×11=88

③ 6×12=72　④ 14×4=56

⑤ 13×6=78

68

69ページ

3 つぎの　もんだいに　答えましょう。　1つ6点(30点)

① 答えが　12に　なる　九九の　しきを、ぜんぶ　かきましょう。

（　2×6、3×4、4×3、6×2　）

② 答えが　36に　なる　九九の　しきを、ぜんぶ　かきましょう。

（　4×9、6×6、9×4　）

③ 7のだんの　九九で、かける数が　2　ふえると、答えは　いくつ　ふえるでしょう。

（　14　）

④ 8のだんの　九九で、かける数が　3　ふえると、答えは　いくつ　ふえるでしょう。

（　24　）

できたらスゴイ!

⑤ □に　あてはまる　数を　かきましょう。

4×6=6×3+[6]

69

⑤4×6=24、6×3=18より、24=18+□の□にあてはまる数だから、6になります。

68～69ページ

1 ①7のだんのかけ算の答えは7ずつふえます。

⑤○×△=△×○です。

2 ②8×○のかけ算の答えは8ずつふえます。

8×9=72

8×10=72+8=80

8×11=80+8=88

④14×4=4×14として考えます。

3 ①2×6=12、3×4=12がわかれば、かけられる数とかける数を入れかえた6×2、4×3も答えは同じ12になります。

②4×9=36がわかれば、9×4も答えは同じ36になります。

6×6=36もわすれないようにしましょう。

③7×1=7、7×3=21、21−7=14より、かける数が2ふえると、答えは14ふえます。

④8×1=8、8×4=32、32−8=24より、かける数が3ふえると、答えは24ふえます。

70ページ

68 計算の ふくしゅうテスト② 1回目

時間 30分 ／100 ごうかく80点

本文 34〜69ページ 答え 36ページ

1 計算を しましょう。 1つ6点(36点)

① 91 + 67 = 158　② 48 + 35 = 83　③ 239 + 48 = 287

④ 138 − 62 = 76　⑤ 103 − 49 = 54　⑥ 381 − 58 = 323

2 計算を しましょう。 1つ6点(24点)

① 45+(4+1)=50　② 26+(16+4)=46

③ 18+(18+12)=48　④ 19+(38+12)=69

3 かけ算を しましょう。 1つ5点(40点)

① 5×4=20　② 2×8=16

③ 3×7=21　④ 4×6=24

⑤ 8×7=56　⑥ 6×9=54

⑦ 9×5=45　⑧ 2×14=28

70

71ページ

69 計算の ふくしゅうテスト② 2回目

時間 30分 ／100 ごうかく80点

本文 34〜69ページ 答え 36ページ

1 計算を しましょう。 1つ6点(36点)

① 82 + 46 = 128　② 59 + 47 = 106　③ 312 + 58 = 370

④ 119 − 73 = 46　⑤ 125 − 59 = 66　⑥ 513 − 5 = 508

2 計算を しましょう。 1つ6点(24点)

① 69+8+2=79　② 37+18+2=57

③ 59+3+27=89　④ 26+46+4=76

3 かけ算を しましょう。 1つ5点(40点)

① 6×3=18　② 2×7=14

③ 4×4=16　④ 7×5=35

⑤ 9×8=72　⑥ 3×6=18

⑦ 8×9=72　⑧ 5×12=60

71

3 ⑧12を2つの数に分けて計算します。
(れい)12=4+8とみて、5×4=20、
5×8=40より、20+40=60

70ページ

2 (　)の中のたし算をさきに計算します。
③ 18+(18+12)
=18+30=48
④ 19+(38+12)
=19+50=69

3 ⑧14を2つの数に分けて計算します。
(れい)14=9+5とみて、2×9=18、2×5
=10より、
18+10=28

71ページ

2 ①69+(8+2)として計算します。
8+2=10だから、
69+10=79
②37+(18+2)として計算します。
18+2=20だから、
37+20=57
③59+(3+27)として計算します。
3+27=30だから、
59+30=89
④26+(46+4)として計算します。
46+4=50だから、
26+50=76

れんしゅう 70 100 cm を こえる 長さ

がくしゅう 72ページ

答え 37ページ

れいだい ★つぎの 計算を しましょう。
① 1 m 30 cm＋20 cm ② 3 m 70 cm－10 cm

とき方 ① 同じ たんいの ところを たします。
1 m 30 cm＋20 cm＝1 m 50 cm
② 同じ たんいの ところを ひきます。
3 m 70 cm－10 cm＝3 m 60 cm

cm、mm の ときの ように、同じ たんい の ところを 計算し ます。
1 m＝100 cm です。

1 □に あてはまる 数を かきましょう。
① 2 m＝[200] cm ② 4 m 10 cm＝[410] cm
③ 500 cm＝[5] m ④ 382 cm＝[3] m [82] cm

2 長さの 計算を しましょう。
① 1 m 20 cm＋40 cm＝1 m [60] cm
② 4 m＋70 cm＝4 m 70 cm
③ 3 m 80 cm＋2 m＝5 m 80 cm
④ 2 m 50 cm－20 cm＝2 m 30 cm
⑤ 3 m 60 cm－60 cm＝3 m
⑥ 5 m 10 cm－1 m＝4 m 10 cm

cm どうし、m どうしの 同じ たんいの ところを 計算しよう。

ヒント **2** ② 4 m は 4 m 0 cm です。たとえば 1 m＋30 cm＝1 m 30 cm と なります。

たしかめのテスト 71 100 cm を こえる 長さ

がくしゅう 73ページ

時間 20分 ／100 ごうかく 80点

答え 37ページ

1 □に あてはまる 数を かきましょう。 1つ10点(40点)
① 3 m＝[300] cm
② 1 m 92 cm＝[192] cm
③ 600 cm＝[6] m
④ 205 cm＝[2] m [5] cm

2 長さの 計算を しましょう。 1つ10点(60点)
① 2 m 80 cm＋10 cm＝2 m 90 cm
② 1 m＋30 cm＝1 m 30 cm
③ 4 m 70 cm＋2 m＝6 m 70 cm
④ 1 m 90 cm－70 cm＝1 m 20 cm
⑤ 2 m 30 cm－30 cm＝2 m
⑥ 4 m 50 cm－3 m＝1 m 50 cm

おうちのかたへ
以前学習した1 cm＝10 mmとあわせて、1 m＝100 cmという長い長さの単位も覚えさせましょう。

72ページ

1 1 m＝100 cm をもとに考えます。

2 cm は cm どうしを、m は m どうしをたしたり、ひいたりします。
⑤3 m 60 cm－60 cm は、cm どうしを計算します。
60 cm－60 cm＝0 cm だから、答えは3 m になります。

73ページ

1 ④205 cm＝200 cm＋5 cm です。200 cm は2 m だから、2 m と5 cm になります。
20 m 5 cm や2 m 50 cm というまちがいをしないようにしましょう。

2 同じたんいのところを計算します。
⑥4 m 50 cm－3 m は、4 m 50 cm－3 m 0 cm と考えて、4 m－3 m＝1 m、50 cm－0 cm＝50 cm だから、1 m 50 cm になります。

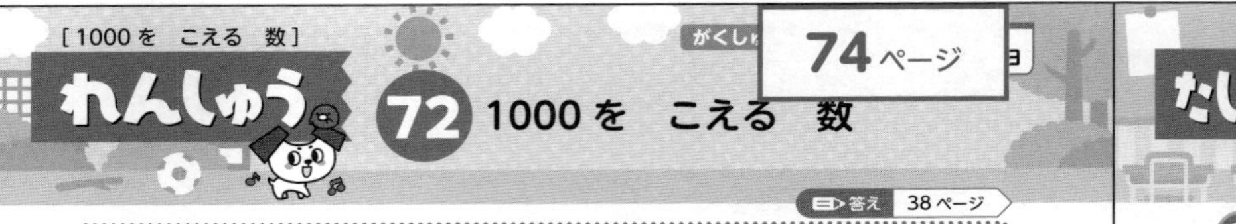

72 1000を　こえる　数

答え 38ページ

れいだい

★9900は　あと　いくつで　10000に　なりますか。

9600　9700　9800　9900　10000

とき方　上の　数の直線を　見ると、100ずつ　大きく　なって　います。
9900は　あと　100で　10000に　なります。

◀1000を　10こ　あつめた　数を　一万と　いい、10000と　かきます。数の直線を　見ると　わかりやすいです。

1 つぎの　もんだいに　答えましょう。

① 9990は　あと　いくつで　10000に　なりますか。

9960　9970　9980　9990　10000

（　10　）

② 10000より　100　小さい　数は　いくつですか。

（　9900　）

③ 10000より　20　小さい　数は　いくつですか。

（　9980　）

2 計算を　しましょう。

① 600＋700＝1300

100 100 100 100 100 100
＋
100 100 100 100 100 100 100

② 900＋200＝1100

③ 500＋800＝1300

④ 700＋900＝1600

⑤ 400＋900＝1300

⑥ 800+800＝1600

⑦ 700＋300＝1000

よくみて　⑧ 1000＋500＝1500

ヒント　❷ 何百＋何百の　計算は　100の　まとまりを　考えて　計算しましょう。

73 1000を　こえる　数

答え 38ページ

1 □に　あてはまる　数を　かきましょう。　1つ5点(20点)

① 5700　5800　5900　6000　6100　6200

② 4960　4970　4980　4990　5000　5010

③ 9500　9600　9700　9800　9900　10000

④ 9750　9800　9850　9900　9950　10000

2 計算を　しましょう。　1つ8点(80点)

① 300＋900＝1200

② 800＋600＝1400

③ 400＋600＝1000

④ 500＋700＝1200

⑤ 700＋700＝1400

⑥ 300＋800＝1100

⑦ 600＋600＝1200

⑧ 500＋900＝1400

⑨ 200＋800＝1000

できたらスゴイ！　⑩ 900＋1000＝1900

2 ⑩900は100のまとまりが9こ、1000は100のまとまりが10こだから、あわせると、100のまとまりが9＋10で19になります。100が19こで1900です。

74ページ

1 わからないときは、数の直線をみて考えましょう。

2 100のまとまりで考えます。

⑧1000は100のまとまりが10こ、500は100のまとまりが5こだから、あわせると、100のまとまりが10＋5で15になります。100が15こで1500です。

75ページ

1 1目もりがいくつをあらわしているかを考えます。

①、③1目もりは100で、右へ100ずつ大きくなっています。

②1目もりは10で、右へ10ずつ大きくなっています。

④1目もりは50で、右へ50ずつ大きくなっています。

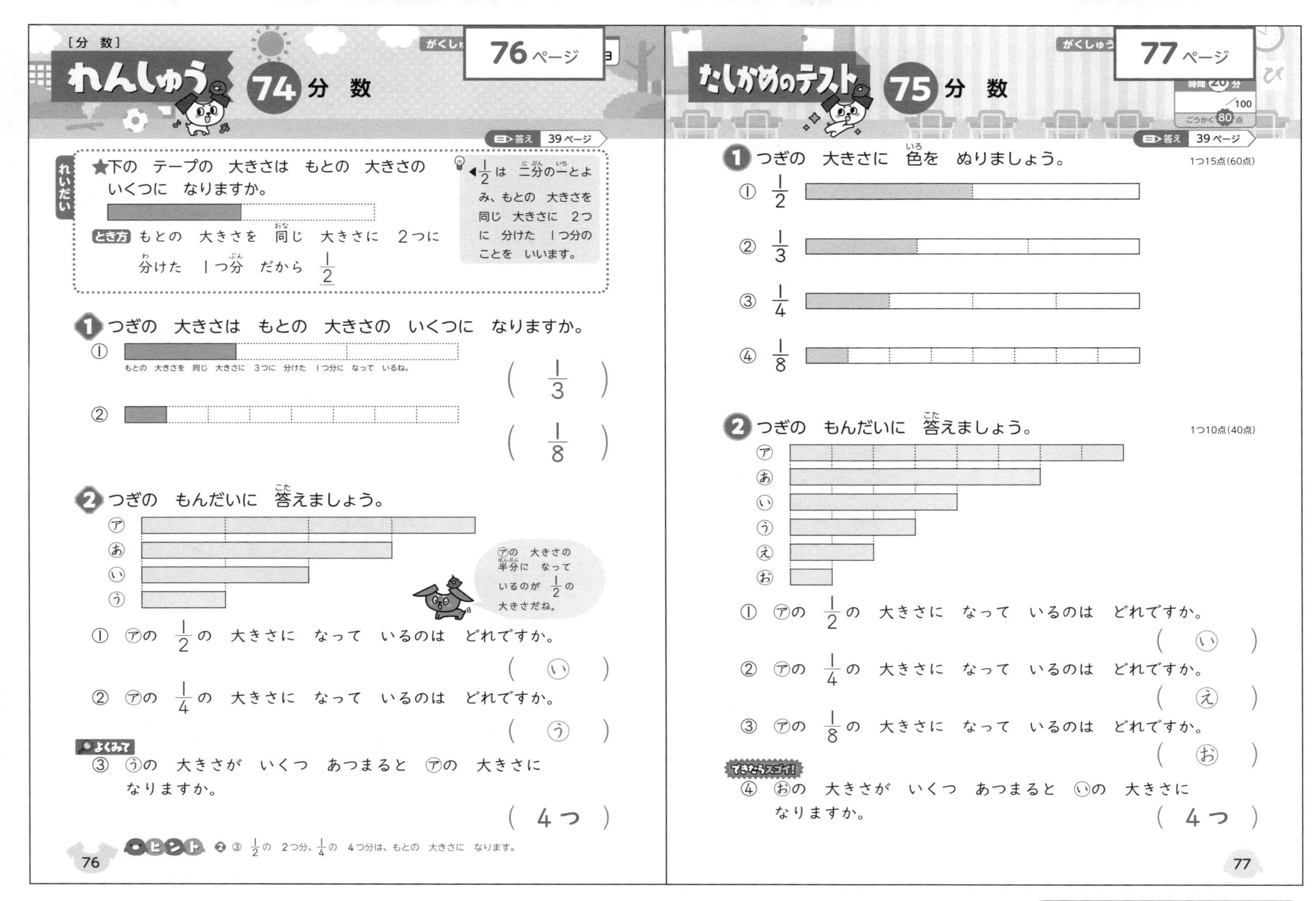

［分　数］

れんしゅう 74 分　数

76ページ

答え 39ページ

れいだい

★下の　テープの　大きさは　もとの　大きさの　いくつに　なりますか。

とき方　もとの　大きさを　同じ　大きさに　2つに　分けた　1つ分　だから　$\frac{1}{2}$

◀$\frac{1}{2}$は　二分の一とよみ、もとの　大きさを　同じ　大きさに　2つに　分けた　1つ分の　ことを　いいます。

❶ つぎの　大きさは　もとの　大きさの　いくつに　なりますか。

① もとの　大きさを　同じ　大きさに　3つに　分けた　1つ分に　なって　いるね。　（ $\frac{1}{3}$ ）

② （ $\frac{1}{8}$ ）

❷ つぎの　もんだいに　答えましょう。

㋐ ㋭ ㋑ ㋒

㋐の　大きさの　半分に　なって　いるのが　$\frac{1}{2}$の　大きさだね。

① ㋐の　$\frac{1}{2}$の　大きさに　なって　いるのは　どれですか。　（ ㋑ ）

② ㋐の　$\frac{1}{4}$の　大きさに　なって　いるのは　どれですか。　（ ㋒ ）

よくみて

③ ㋒の　大きさが　いくつ　あつまると　㋐の　大きさに　なりますか。　（ 4つ ）

ヒント　❷③　$\frac{1}{2}$の　2つ分、$\frac{1}{4}$の　4つ分は、もとの　大きさに　なります。

76

たしかめのテスト 75 分　数

77ページ

時間 20分　／100　ごうかく 80点

答え 39ページ

❶ つぎの　大きさに　色を　ぬりましょう。　1つ15点(60点)

① $\frac{1}{2}$

② $\frac{1}{3}$

③ $\frac{1}{4}$

④ $\frac{1}{8}$

❷ つぎの　もんだいに　答えましょう。　1つ10点(40点)

㋐ ㋭ ㋑ ㋒ ㋓ ㋔

① ㋐の　$\frac{1}{2}$の　大きさに　なって　いるのは　どれですか。　（ ㋑ ）

② ㋐の　$\frac{1}{4}$の　大きさに　なって　いるのは　どれですか。　（ ㋓ ）

③ ㋐の　$\frac{1}{8}$の　大きさに　なって　いるのは　どれですか。　（ ㋔ ）

できたらスゴイ！

④ ㋔の　大きさが　いくつ　あつまると　㋑の　大きさに　なりますか。　（ 4つ ）

77

おうちのかたへ

「何分の１」であらわす分数の意味を理解させます。もとの大きさを同じ大きさに分けた１つ分ということを確認しましょう。

76ページ

❶ ②もとの大きさを、同じ大きさに８つに分けた１つ分になります。

❷ ①㋐を、同じ大きさに２つに分けた１つ分と同じ大きさになるのは㋑です。

②㋐を、同じ大きさに４つに分けた１つ分と同じ大きさになるのは㋒です。

③㋒と同じ大きさが４つあつまると、㋐と同じ大きさになります。

77ページ

❷ ②㋐を、同じ大きさに４つに分けた１つ分と同じ大きさになるのは㋓です。

③㋐を、同じ大きさに８つに分けた１つ分の大きさと同じになるのは㋔です。

④㋔と同じ大きさが４つあつまると、㋑と同じ大きさになります。㋑の大きさは、㋔の大きさの４つ分です。

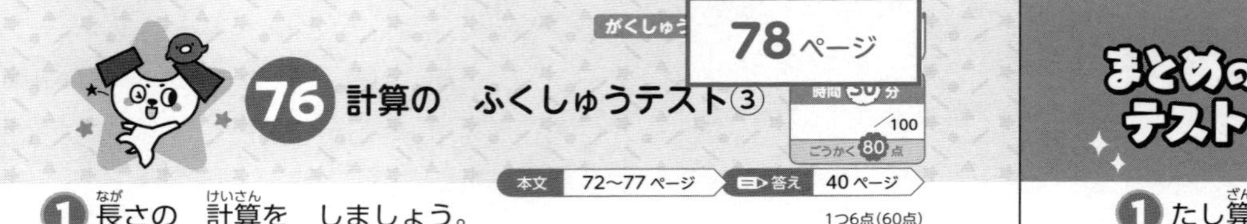

76 計算の　ふくしゅうテスト③

がくしゅう 78ページ　時間 20分　/100　ごうかく80点

本文 72～77ページ　答え 40ページ

1 長さの　計算を　しましょう。　1つ6点(60点)

① 2m 30cm+40cm
=2m 70cm

② 1m 50cm+30cm
=1m 80cm

③ 3m+20cm
=3m 20cm

④ 2m 60cm+5m
=7m 60cm

⑤ 1m 70cm+4m
=5m 70cm

⑥ 1m 80cm−50cm
=1m 30cm

⑦ 4m 50cm−40cm
=4m 10cm

⑧ 1m 50cm−50cm
=1m

⑨ 2m 30cm−1m
=1m 30cm

⑩ 5m 10cm−3m
=2m 10cm

2 計算を　しましょう。　1つ5点(40点)

① 400+800=1200　② 900+800=1700

③ 500+500=1000　④ 600+900=1500

⑤ 800+700=1500　⑥ 700+400=1100

⑦ 900+100=1000　⑧ 400+1000=1400

まとめのテスト 77 2年生の　計算の　まとめ 1回目

がくしゅう 79ページ　時間 20分　/100　ごうかく80点

答え 40ページ

1 たし算を　しましょう。　1つ5点(30点)

① 64+27=91　② 38+42=80　③ 57+35=92

④ 92+43=135　⑤ 59+75=134　⑥ 429+56=485

2 ひき算を　しましょう。　1つ5点(30点)

① 41−18=23　② 80−43=37　③ 62−7=55

④ 129−54=75　⑤ 101−29=72　⑥ 584−49=535

3 くふうして　計算を　しましょう。　1つ5点(20点)

① 48+5=53　② 52+8=60

③ 61−3=58　④ 40−6=34

4 かけ算を　しましょう。　1つ5点(20点)

① 6×9=54　② 8×7=56

③ 9×3=27　④ 5×4=20

78ページ

1 cmどうし、mどうしで計算します。
③3mを3m0cmと考えると、cmどうしをたして、
3m0cm+20cm
=3m 20cm

2 100のまとまりで考えます。
⑧400は100のまとまりが4こ、1000は100のまとまりが10こだから、あわせると、100のまとまりが4+10で14になります。
100が14こで1400です。

79ページ

1 くり上がりにちゅういしましょう。

2 くり下がりにちゅういしましょう。

3 ①5を2と3に分けて、48と2をたすと、48+2=50、50とのこっている3をたすと、50+3=53
③3を1と2に分けて、61から1をひくと、61−1=60、のこっている2を60からひくと、60−2=58

4 九九をとなえて、答えをみつけましょう。

80ページ

まとめのテスト

78 2年生の 計算の まとめ 2回目

時間 20分 /100 ごうかく 80点

答え 41ページ

1 たし算を しましょう。 1つ5点(30点)

① 78 + 15 = 93　② 62 + 28 = 90　③ 47 + 49 = 96

④ 61 + 85 = 146　⑤ 28 + 96 = 124　⑥ 638 + 47 = 685

2 ひき算を しましょう。 1つ5点(30点)

① 52 − 39 = 13　② 90 − 37 = 53　③ 74 − 6 = 68

④ 117 − 63 = 54　⑤ 103 − 58 = 45　⑥ 392 − 74 = 318

3 くふうして 計算を しましょう。 1つ5点(20点)

① 37+6=43　② 68+2=70

③ 52−4=48　④ 70−8=62

4 かけ算を しましょう。 1つ5点(20点)

① 2×4=8　② 3×9=27

③ 7×6=42　④ 4×8=32

この 本の 終わりに ある「チャレンジテスト」を やって みよう！

80ページ

1 ⑤一のくらいのたし算は、8+6=14で、十のくらいに1くり上がります。
十のくらいのたし算は、1+2+9=12になります。
百のくらいに1をかきます。

2 ⑤一のくらいのひき算は、百のくらいから1くり下げて、十のくらいを10にします。十のくらいから1くり下げて、13−8=5
十のくらいは、9になったから、9−5=4

3 ①6を3と3に分けて、37と3をたすと、37+3=40、40とのこっている3をたすと、40+3=43
④70を10と60に分けて、10から8をひくと、10−8=2、のこっている60と2をたすと、60+2=62

4 九九をとなえて、答えをみつけましょう。
どのだんの九九もまちがえずにいえるように、しっかりふくしゅうしておきましょう。

2年 チャレンジテスト①

名前　　月　日　　時間 40分　　ごうかく70点　／100　　答え42ページ

1 つぎの 数を 数字で かきましょう。　1つ3点(9点)

① 100を 7こ、1を 2こ あわせた 数（ 702 ）

② 10を 83こ あつめた 数（ 830 ）

③ 1000より 50 小さい 数（ 950 ）

2 □に あてはまる >か <を かきましょう。　1つ4点(8点)

① 480 [<] 200+300

② 901 [>] 1000−100

3 □に あてはまる 数を かきましょう。　1つ4点(8点)

① 410 − 420 − [430] − 440

② 750 − [800] − 850 − 900

4 ひっ算で しましょう。　1つ3点(24点)

① 43+52
$$\begin{array}{r} 43 \\ +52 \\ \hline 95 \end{array}$$

② 29+18
$$\begin{array}{r} 29 \\ +18 \\ \hline 47 \end{array}$$

③ 85+93
$$\begin{array}{r} 85 \\ +93 \\ \hline 178 \end{array}$$

④ 578+64
$$\begin{array}{r} 578 \\ +\ 64 \\ \hline 642 \end{array}$$

⑤ 136−85
$$\begin{array}{r} 136 \\ -\ 85 \\ \hline 51 \end{array}$$

⑥ 142−47
$$\begin{array}{r} 142 \\ -\ 47 \\ \hline 95 \end{array}$$

⑦ 107−68
$$\begin{array}{r} 107 \\ -\ 68 \\ \hline 39 \end{array}$$

⑧ 413−35
$$\begin{array}{r} 413 \\ -\ 35 \\ \hline 378 \end{array}$$

5 計算を しましょう。　1つ4点(8点)

①
$$\begin{array}{r} 25 \\ 37 \\ +62 \\ \hline 124 \end{array}$$

②
$$\begin{array}{r} 56 \\ 49 \\ +78 \\ \hline 183 \end{array}$$

●うらにも もんだいが あります。

チャレンジテスト① おもて

1 ①100が7こで700。
1が2こで2。
700と2で702です。
②「10が10こで100」をもとに考えます。
10が80こで800。
10が3こで30。
800と30で830です。
③1000より10小さい数は990、20小さい数は980、30小さい数は970、40小さい数は960、50小さい数は950です。

2 >や<のむきにちゅういしましょう。
①200+300は、100が(2+3)こだから、100が5こで500です。480より500のほうが大きいから、<が入ります。
②1000−100は、100が(10−1)こだから、100が9こで900です。901より900のほうが小さいから、>が入ります。

3 ①[410]−[420]に目をつけて、10ずつ大きくなるようにすればよいことに気づきましょう。□には、420より10大きい430が入ります。
②[850]−[900]に目をつけて、50ずつ大きくなるようにすればよいことに気づきましょう。□には、850より50小さい800が入ります。

4 ひっ算では、くらいをたてにそろえてかき、一のくらいからじゅんに計算します。
②、③、④は、くり上がりのあるたし算です。くり上げた1をたすのをわすれないようにしましょう。
⑤、⑥、⑦、⑧は、くり下がりのあるひき算です。くり下げた1をひくのをわすれないようにしましょう。

5 3つの数のたし算のひっ算でも、同じように一のくらいからじゅんに計算します。
②一のくらいのたし算は、
6+9+8=23で、十のくらいに2くり上がることにちゅういしましょう。
十のくらいのたし算は、
2+5+4+7=18になり、百のくらいに1くり上げます。

6 時計を　みて　答えましょう。 1つ3点(6点)

あ　い

① あの　時こくの　30分前の時こくを　答えましょう。

（ 9時57分 ）

② あの　時こくから　いの　時こくまでの　時間は、何時間何分ですか。

（ 6時間13分 ）

7 2本の　テープが　あります。 しき・答え各3点(12点)

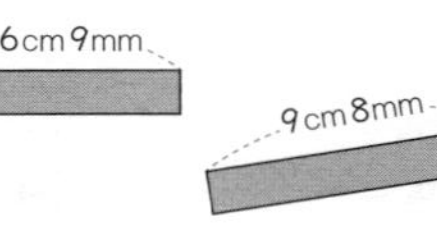

① 2本の　テープを　あわせると何cm何mmに　なりますか。

しき 6cm9mm＋9cm8mm
＝15cm17mm
＝16cm7mm

答え（ 16cm7mm ）

② 2本の　テープの　長さのちがいは　何cm何mmですか。

しき 9cm8mm－6cm9mm
＝8cm18mm－6cm9mm
＝2cm9mm

答え（ 2cm9mm ）

8 □に　あてはまる　数をかきましょう。 1つ3点(12点)

① 7L＝[70]dL

② 86dL＝[8]L[6]dL

③ 2L＝[2000]mL

④ 500mL＝[5]dL

9 くふうして　計算を　しましょう。 1つ4点(8点)

① 76＋9＝85　② 54－6＝48

10 □に　あてはまる　数を　ぜんぶかきましょう。 (ぜんぶできて　5点)

857＞8□9

（ 0、1、2、3、4 ）

チャレンジテスト① うら

6 あは10時27分、いは4時40分をさしています。

①10時27分の27分前が10時です。30分－27分＝3分より、それよりあと3分前の時こくだから、9時57分です。

②10時27分から4時27分までは6時間、4時27分から4時40分までは13分、6時間と13分で6時間13分です。

7 長さのたし算やひき算では、同じたんいのところを計算します。

①6cm9mm＋9cm8mm
＝15cm17mm
＝16cm7mm
mmのたんいのたし算で、くり上がりがあることにちゅういしましょう。

②9cm8mm－6cm9mm
＝8cm18mm－6cm9mm
＝2cm9mm
8mm－9mmはひき算できないから、cmのたんいから1cmをくり下げて18mm－9mmのひき算をします。

8 1L＝10dL、1dL＝100mL、1L＝1000mLというかさのたんいのきほんをしっかりおぼえておきましょう。

①1L＝10dLより、
7L＝70dL

②10dL＝1Lより、
86dL＝80dL＋6dL
＝8L＋6dL＝8L6dL

③1L＝1000mLより、
2L＝2000mL

④100mL＝1dLより、
500mL＝5dL

9 ①たされる数が何十になるように、たす数を2つにわけて考えます。
9を4と5にわける。
76と4をたすと、
76＋4＝80
80とのこっている5をたすと、80＋5＝85

②ひかれる数が何十になるように、ひく数を2つにわけて考えます。
6を4と2にわける。
54から4をひくと、
54－4＝50
50からのこっている2をひくと、50－2＝48

10 857より小さい数になるようにします。
0をわすれないようにしましょう。

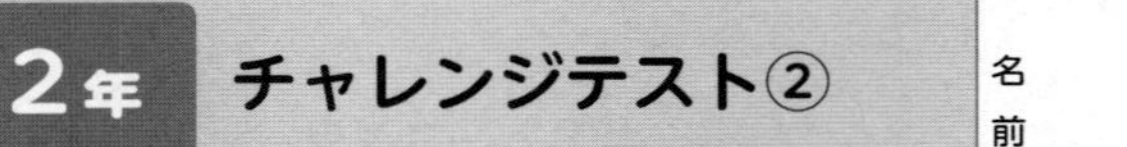

2年 チャレンジテスト②

名前　　月　日　時間 40分　ごうかく70点　/100　答え44ページ

1 計算を　しましょう。　1つ3点(12点)

① 54+(6+4)=64

② 26+(15+5)=46

③ 39+(42+8)=89

④ 40+(37+23)=100

2 かけ算を　しましょう。　1つ3点(24点)

① 3×7=21　② 5×6=30

③ 6×4=24　④ 2×8=16

⑤ 4×7=28　⑥ 8×9=72

⑦ 7×6=42　⑧ 9×9=81

3 □に　あてはまる　数を　かきましょう。　1つ3点(12点)

① 4×[8]=32

② 7×[7]=49

③ [8]×6=48

④ [6]×9=54

4 □に　あてはまる　数を　かきましょう。　1つ3点(9点)

① 4×6=4×5+[4]

② 8×7=7×[8]

③ 3×5=5×2+[5]

5 つぎの　かけ算の　答えを　もとめましょう。　1つ3点(6点)

① 4×12=48　② 17×3=51

チャレンジテスト②(表)　●うらにも　もんだいが　あります。

チャレンジテスト② おもて

1 (　)の中をさきに計算します。

①6+4 をさきに計算すると、
6+4=10
54 に 10 をたして、
54+10=64

②15+5 をさきに計算すると、
15+5=20
26 に 20 をたして、
26+20=46

③42+8 をさきに計算すると、
42+8=50
39 に 50 をたして、
39+50=89

④37+23 をさきに計算すると、37+23=60
40 に 60 をたして、
40+60=100

答えが何十になる計算をさきにすると、あとの計算がらくになります。

2 かけ算の九九を、しっかりおぼえておきましょう。
何回もくりかえしれんしゅうすることが大切です。

3 ①4 のだんの九九から、□にあてはまる数をもとめましょう。

②7 のだんの九九から、□にあてはまる数をもとめましょう。

③6 のだんの九九から、□にあてはまる数をもとめましょう。

④9 のだんの九九から、□にあてはまる数をもとめましょう。

4 ①「かける数が 1 ふえると、答えはかけられる数だけふえます」このきまりから、4 のだんの九九の答えは、4 ずつふえます。

②「かけ算では、かけられる数とかける数を入れかえても答えは同じになります」このきまりをつかいます。

③3×5=5×3 になることをつかって、
5×3=5×2+□として考えます。

5 ①4×□のかけ算の答えは 4 ずつふえます。
4×9=36、4×10=40、
4×11=44、4×12=48
または、12=6+6 とみて、
4×6=24、4×6=24 より、
24+24=48 と考えることもできます。

②17×3=3×17 として考えます。
17=9+8 とみて、
3×9=27、3×8=24 より、
27+24=51

6 ▭に　あてはまる　数を　かきましょう。　1つ3点(6点)

① 3m 85cm＝[385]cm

② 604cm＝[6]m[4]cm

7 長さの　計算を　しましょう。　1つ3点(12点)

① 2m 30cm＋40cm
＝2m 70cm

② 6m＋80cm
＝6m 80cm

③ 5m 20cm－3m
＝2m 20cm

④ 3m 70cm－70cm
＝3m

8 ▭に　あてはまる　数を　かきましょう。　1つ3点(6点)

① 10000は、100を[100]こ　あつめた　数です。

② 10000より　10　小さい　数は[9990]です。

9 色の　ついた　ところは　もとの　大きさの　何分の一ですか。　1つ3点(6点)

①

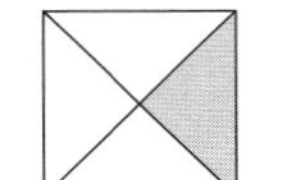

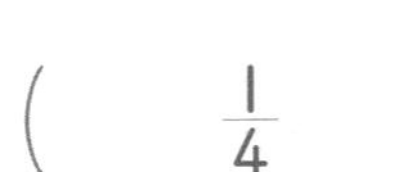

（　$\frac{1}{4}$　）

②

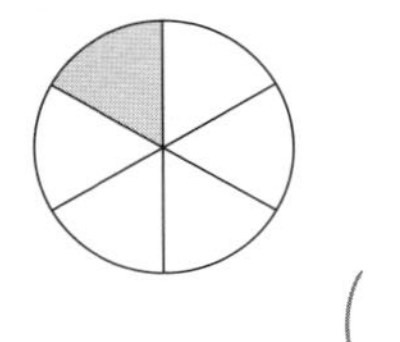

（　$\frac{1}{6}$　）

10 もとの　大きさの　$\frac{1}{3}$だけ　色を　ぬりましょう。　(3点)

(れい)

11 ●は　何こ　ありますか。　しき・答え1つ2点(4点)

しき　4×9＝36
3×7＝21
36＋21＝57　など

答え（　57こ　）

チャレンジテスト②　うら

6 1m＝100cmをもとに考えます。

①3m 85cm＝3m＋85cm
＝300cm＋85cm
＝385cm

②604cm＝600cm＋4cm
＝6m4cm

7 長さの計算は、cmどうし、mどうしをたしたり、ひいたりします。

①2m 30cm＋40cmは、30cmと40cmをたして、2m 70cm

②6m＋80cmは、6m0cm＋80cmと考えて、6m 80cm

③5m 20cm－3mは、5mから3mをひいて、2m 20cm

④3m 70cm－70cmは、70cm－70cm＝0cmだから、3m0cmではなく、答えは3mとします。

8 ①10000は、100に0が2こついた数です。これは、100が100こで10000ということです。

②10000より1小さい数が9999、5小さい数が9995、10小さい数が9990です。

9 ①もとの大きさを同じ大きさに4つに分けた1つ分です。

②もとの大きさを同じ大きさに6つに分けた1つ分です。

10 もとの大きさを同じ大きさに3つに分けた1つ分だけ色をぬります。

11 下の図のように、たて4こ、よこ9このかたまりと、たて3こ、よこ7このかたまりに分けて計算してから、その2つのかたまりの数をたします。

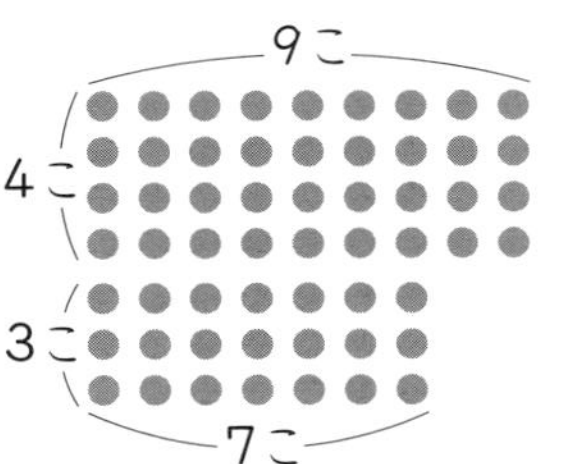

下の図のように、たて7こ、よこ9この数をもとめて、そこから、じっさいにはない、たて3こ、よこ2この数をひくというやり方もあります。

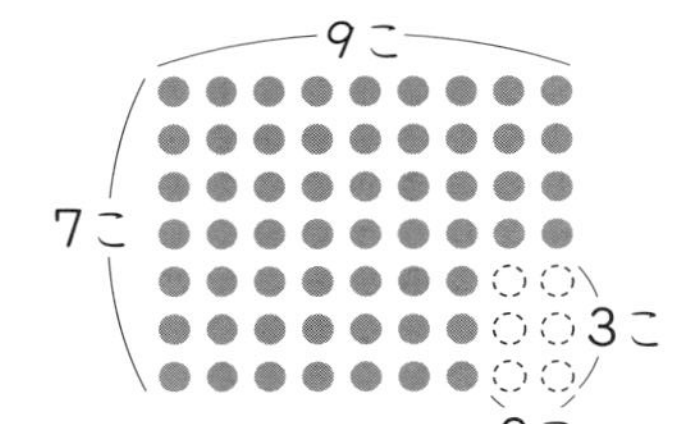

7×9＝63、3×2＝6
63－6＝57(こ)

メモ

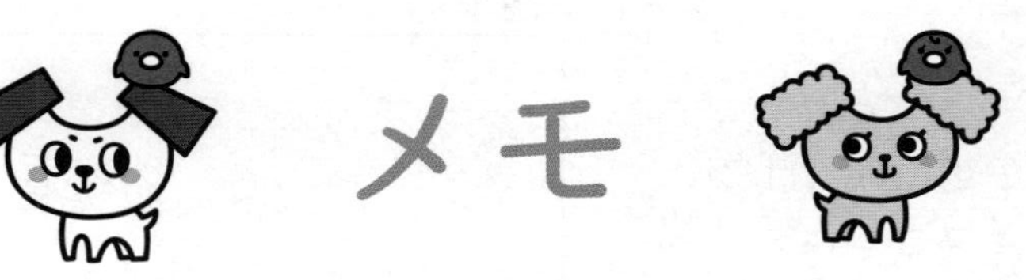

メモ

ふろく とりはずしておつかいください。

けいさん スタートアップドリル

2年

このドリルでは、
１年生で学しゅうした
けいさんもんだいを
おさらいします。
8
5
2
4
10
1
3
6

年　　くみ

1 10までの　たしざん①

★できた　もんだいには、
「た」を　かこう！
1 た　2

1 けいさんを　しましょう。

月　　日

① 1+6=
② 4+1=
③ 2+4=
④ 5+3=
⑤ 8+2=
⑥ 0+4=
⑦ 2+2=
⑧ 7+3=
⑨ 6+0=
⑩ 4+5=

2 けいさんを　しましょう。

月　　日

① 1+5=
② 2+1=
③ 5+2=
④ 6+3=
⑤ 3+0=
⑥ 3+2=
⑦ 2+8=
⑧ 0+7=
⑨ 7+2=
⑩ 4+4=

2 10までの　たしざん②

★できた　もんだいには、「た」を　かこう！

でき 1　でき 2

1 けいさんを　しましょう。

月　日

① 1+4=□　② 3+1=□

③ 3+5=□　④ 8+0=□

⑤ 1+9=□　⑥ 5+1=□

⑦ 2+7=□　⑧ 0+5=□

⑨ 5+4=□　⑩ 4+3=□

2 けいさんを　しましょう。

月　日

① 1+2=□　② 2+3=□

③ 0+2=□　④ 3+3=□

⑤ 2+6=□　⑥ 3+6=□

⑦ 6+1=□　⑧ 9+0=□

⑨ 8+1=□　⑩ 4+6=□

3 10までの　ひきざん①

★できた　もんだいには、「た」を　かこう！

1 でき　2 でき

1 けいさんを　しましょう。

月　日

① 5－1＝□　② 7－6＝□

③ 6－2＝□　④ 4－2＝□

⑤ 10－7＝□　⑥ 7－4＝□

⑦ 8－3＝□　⑧ 7－0＝□

⑨ 5－5＝□　⑩ 9－3＝□

2 けいさんを　しましょう。

月　日

① 3－1＝□　② 7－3＝□

③ 8－2＝□　④ 6－3＝□

⑤ 9－8＝□　⑥ 10－5＝□

⑦ 8－0＝□　⑧ 9－4＝□

⑨ 8－6＝□　⑩ 9－9＝□

4 10までの　ひきざん②

1 けいさんを　しましょう。

月　　日

① $4-3=$ □　　② $8-1=$ □

③ $7-5=$ □　　④ $9-6=$ □

⑤ $6-4=$ □　　⑥ $5-0=$ □

⑦ $9-5=$ □　　⑧ $10-6=$ □

⑨ $7-7=$ □　　⑩ $5-2=$ □

2 けいさんを　しましょう。

① $4-1=$ □　　② $7-2=$ □

③ $4-0=$ □　　④ $9-2=$ □

⑤ $5-4=$ □　　⑥ $6-6=$ □

⑦ $8-5=$ □　　⑧ $10-9=$ □

⑨ $5-3=$ □　　⑩ $9-7=$ □

5 たしざんと　ひきざん

★できた　もんだいには、「た」を　かこう！

1 でき　2 でき

1 けいさんを　しましょう。　　月　　日

① 10＋1＝□　② 10＋5＝□

③ 10＋2＝□　④ 10＋6＝□

⑤ 10＋8＝□　⑥ 13－3＝□

⑦ 17－5＝□　⑧ 14－1＝□

⑨ 11－1＝□　⑩ 19－8＝□

2 けいさんを　しましょう。　　月　　日

① 12＋4＝□　② 11＋3＝□

③ 15＋2＝□　④ 13＋5＝□

⑤ 16＋3＝□　⑥ 17－6＝□

⑦ 15－2＝□　⑧ 16－1＝□

⑨ 18－6＝□　⑩ 19－5＝□

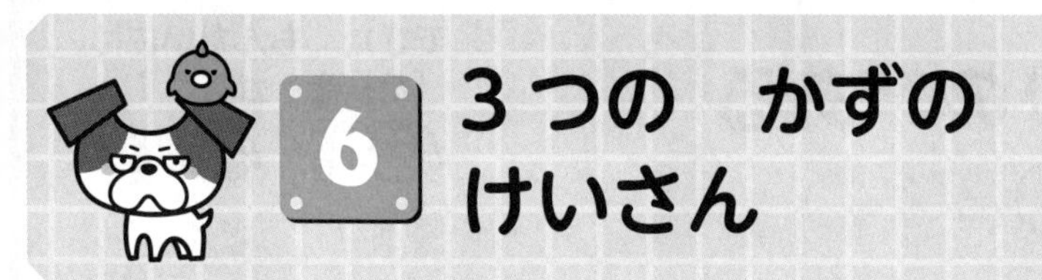

6 3つの かずの けいさん

★できた もんだいには、「た」を かこう！

1 でき　2 でき

1 けいさんを しましょう。

月　　日

① $4+2+1=$ □　　② $1+3+2=$ □

③ $2+5+2=$ □　　④ $6+4+2=$ □

⑤ $3+7+6=$ □　　⑥ $8-3-1=$ □

⑦ $9-2-3=$ □　　⑧ $10-4-2=$ □

⑨ $17-7-2=$ □　　⑩ $13-3-5=$ □

2 けいさんを しましょう。

月　　日

① $8-7+3=$ □　　② $9-6+2=$ □

③ $10-9+4=$ □　　④ $18-8+3=$ □

⑤ $19-7+4=$ □　　⑥ $3+6-4=$ □

⑦ $2+5-3=$ □　　⑧ $6+4-3=$ □

⑨ $10+8-4=$ □　　⑩ $12+6-5=$ □

7 くりあがりの　ある たしざん①

★できた　もんだいには、「た」を　かこう！

1　2

1　けいさんを　しましょう。

月　　日

① 2＋9＝

② 5＋7＝

③ 6＋9＝

④ 8＋4＝

⑤ 9＋5＝

⑥ 7＋4＝

⑦ 4＋9＝

⑧ 9＋8＝

⑨ 7＋9＝

⑩ 8＋8＝

2　けいさんを　しましょう。

月　　日

① 6＋5＝

② 9＋3＝

③ 7＋5＝

④ 5＋9＝

⑤ 8＋7＝

⑥ 6＋7＝

⑦ 3＋8＝

⑧ 7＋7＝

⑨ 9＋4＝

⑩ 9＋7＝

8 くりあがりの　ある たしざん②

★できた　もんだいには、「た」を　かこう！
1 でき　2 でき

1 けいさんを　しましょう。　　月　　日

① $4+8=$ □　　② $8+3=$ □

③ $9+4=$ □　　④ $3+9=$ □

⑤ $8+5=$ □　　⑥ $5+6=$ □

⑦ $7+9=$ □　　⑧ $6+8=$ □

⑨ $9+9=$ □　　⑩ $7+8=$ □

2 けいさんを　しましょう。　　月　　日

① $5+8=$ □　　② $4+7=$ □

③ $9+2=$ □　　④ $6+6=$ □

⑤ $7+6=$ □　　⑥ $3+8=$ □

⑦ $9+6=$ □　　⑧ $8+6=$ □

⑨ $7+5=$ □　　⑩ $8+9=$ □

9 くりさがりの　ある ひきざん①

★できた　もんだいには、「た」を　かこう！

1 でき　2 でき

1 けいさんを　しましょう。　月　日

① 14−5=

② 11−3=

③ 15−9=

④ 11−9=

⑤ 16−8=

⑥ 13−8=

⑦ 18−9=

⑧ 13−4=

⑨ 14−7=

⑩ 11−6=

2 けいさんを　しましょう。　月　日

① 11−5=

② 15−8=

③ 16−9=

④ 11−2=

⑤ 14−9=

⑥ 15−7=

⑦ 17−8=

⑧ 12−8=

⑨ 14−6=

⑩ 11−5=

10 くりさがりの　ある ひきざん②

★できた　もんだいには、「た」を　かこう！

1 でき　2 でき

1 けいさんを　しましょう。　　月　　日

① $11-4=$ □　② $13-9=$ □

③ $12-3=$ □　④ $13-7=$ □

⑤ $11-8=$ □　⑥ $17-9=$ □

⑦ $12-7=$ □　⑧ $13-6=$ □

⑨ $15-8=$ □　⑩ $12-5=$ □

2 けいさんを　しましょう。　　月　　日

① $12-4=$ □　② $13-5=$ □

③ $16-9=$ □　④ $12-9=$ □

⑤ $11-7=$ □　⑥ $14-8=$ □

⑦ $16-7=$ □　⑧ $12-5=$ □

⑨ $15-6=$ □　⑩ $12-6=$ □

11 なんじゅうの　けいさん　なんじゅうと　いくつの　けいさん

★できた　もんだいには、「た」を　かこう！

できた 1　できた 2

1 けいさんを　しましょう。　　月　　日

① 10＋60＝□　② 30＋20＝□

③ 40＋50＝□　④ 50＋10＝□

⑤ 60＋40＝□　⑥ 70－40＝□

⑦ 90－70＝□　⑧ 50－40＝□

⑨ 80－30＝□　⑩ 100－70＝□

2 けいさんを　しましょう。　　月　　日

① 70＋4＝□　② 20＋9＝□

③ 80＋5＝□　④ 60＋3＝□

⑤ 90＋7＝□　⑥ 34－4＝□

⑦ 52－2＝□　⑧ 48－8＝□

⑨ 76－6＝□　⑩ 83－3＝□

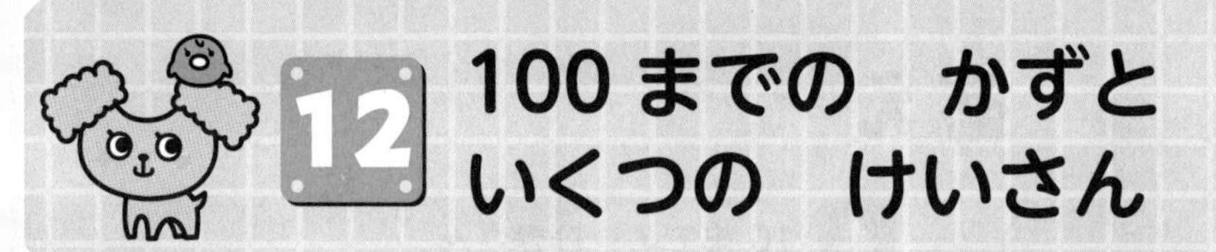

12
100までの　かずと
いくつの　けいさん

★できた　もんだいには、「た」を　かこう！

でき 1　　でき 2

1 けいさんを　しましょう。

月　　日

① 24＋1＝□　　② 41＋8＝□

③ 92＋6＝□　　④ 72＋4＝□

⑤ 43＋3＝□　　⑥ 21＋5＝□

⑦ 37＋2＝□　　⑧ 83＋5＝□

⑨ 56＋2＝□　　⑩ 62＋7＝□

2 けいさんを　しましょう。

月　　日

① 53−1＝□　　② 75−3＝□

③ 29−6＝□　　④ 67−4＝□

⑤ 49−7＝□　　⑥ 37−3＝□

⑦ 56−5＝□　　⑧ 85−2＝□

⑨ 79−8＝□　　⑩ 98−6＝□

答え

1 10までの　たしざん①

1
①7　②5
③6　④8
⑤10　⑥4
⑦4　⑧10
⑨6　⑩9

2
①6　②3
③7　④9
⑤3　⑥5
⑦10　⑧7
⑨9　⑩8

2 10までの　たしざん②

1
①5　②4
③8　④8
⑤10　⑥6
⑦9　⑧5
⑨9　⑩7

2
①3　②5
③2　④6
⑤8　⑥9
⑦7　⑧9
⑨9　⑩10

3 10までの　ひきざん①

1
①4　②1
③4　④2
⑤3　⑥3
⑦5　⑧7
⑨0　⑩6

2
①2　②4
③6　④3
⑤1　⑥5
⑦8　⑧5
⑨2　⑩0

4 10までの　ひきざん②

1
①1　②7
③2　④3
⑤2　⑥5
⑦4　⑧4
⑨0　⑩3

2
①3　②5
③4　④7
⑤1　⑥0
⑦3　⑧1
⑨2　⑩2

5 たしざんと　ひきざん

1
①11　②15
③12　④16
⑤18　⑥10
⑦12　⑧13
⑨10　⑩11

2
①16　②14
③17　④18
⑤19　⑥11
⑦13　⑧15
⑨12　⑩14

6 3つの　かずの　けいさん

1
①7　②6
③9　④12
⑤16　⑥4
⑦4　⑧4
⑨8　⑩5

2
①4　②5
③5　④13
⑤16　⑥5
⑦4　⑧7
⑨14　⑩13

7 くりあがりの　ある　たしざん①

1
①11 ②12
③15 ④12
⑤14 ⑥11
⑦13 ⑧17
⑨16 ⑩16

2
①11 ②12
③12 ④14
⑤15 ⑥13
⑦11 ⑧14
⑨13 ⑩16

8 くりあがりの　ある　たしざん②

1
①12 ②11
③13 ④12
⑤13 ⑥11
⑦16 ⑧14
⑨18 ⑩15

2
①13 ②11
③11 ④12
⑤13 ⑥11
⑦15 ⑧14
⑨12 ⑩17

9 くりさがりの　ある　ひきざん①

1
①9 ②8
③6 ④2
⑤8 ⑥5
⑦9 ⑧9
⑨7 ⑩5

2
①6 ②7
③7 ④9
⑤5 ⑥8
⑦9 ⑧4
⑨8 ⑩6

10 くりさがりの　ある　ひきざん②

1
①7 ②4
③9 ④6
⑤3 ⑥8
⑦5 ⑧7
⑨7 ⑩7

2
①8 ②8
③7 ④3
⑤4 ⑥6
⑦9 ⑧7
⑨9 ⑩6

11 なんじゅうの　けいさん なんじゅうと　いくつの　けいさん

1
①70 ②50
③90 ④60
⑤100 ⑥30
⑦20 ⑧10
⑨50 ⑩30

2
①74 ②29
③85 ④63
⑤97 ⑥30
⑦50 ⑧40
⑨70 ⑩80

12 100までの　かずと　いくつの　けいさん

1
①25 ②49
③98 ④76
⑤46 ⑥26
⑦39 ⑧88
⑨58 ⑩69

2
①52 ②72
③23 ④63
⑤42 ⑥34
⑦51 ⑧83
⑨71 ⑩92

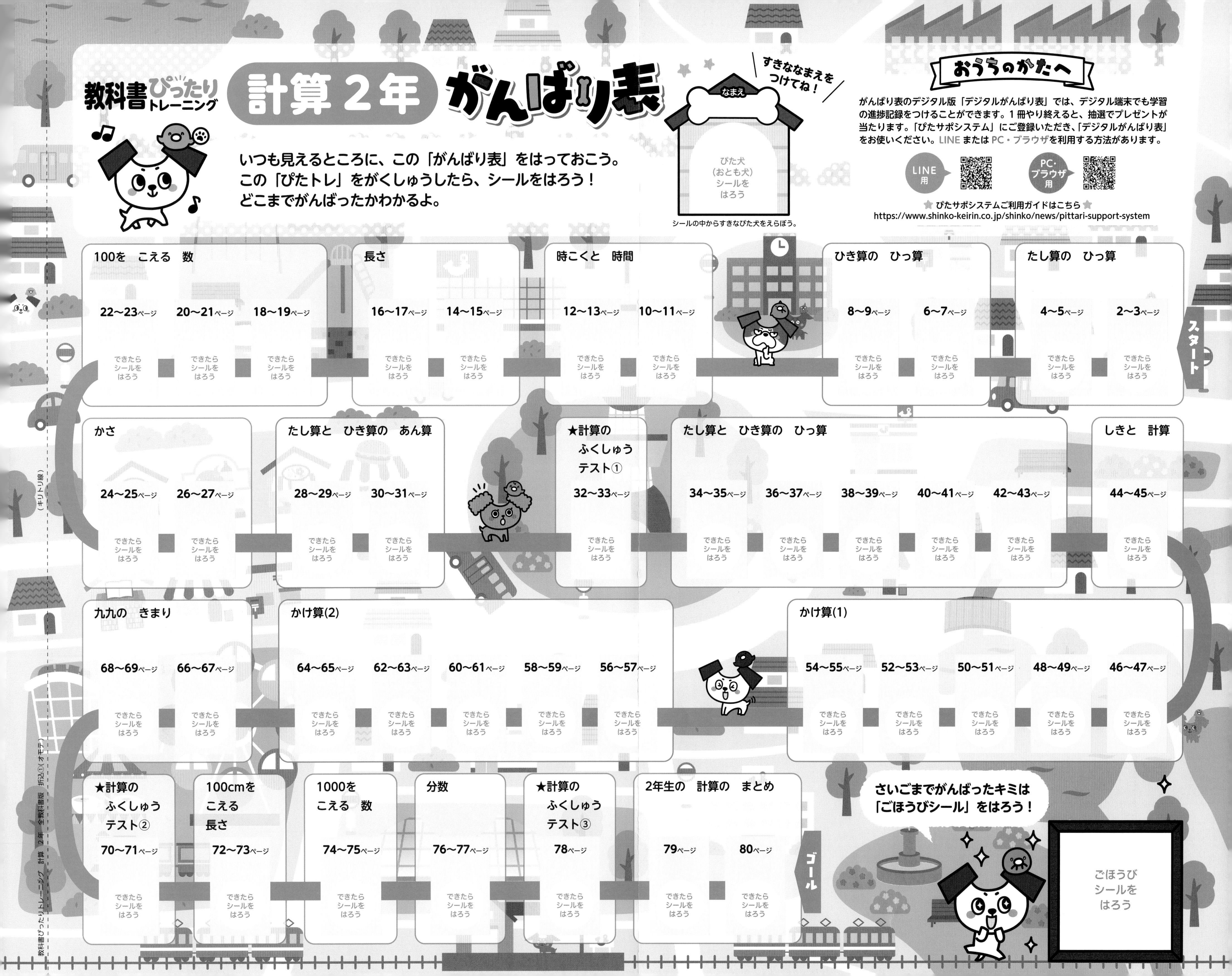

教科書ぴったりトレーニング
計算2年
がんばり表
すきななまえをつけてね！
なまえ
ぴた犬
(おとも犬)
シールを
はろう
シールの中からすきなぴた犬をえらぼう。
おうちのかたへ
がんばり表のデジタル版「デジタルがんばり表」では、デジタル端末でも学習の進捗記録をつけることができます。1冊やり終えると、抽選でプレゼントが当たります。「ぴたサポシステム」にご登録いただき、「デジタルがんばり表」をお使いください。LINE または PC・ブラウザを利用する方法があります。
LINE用
PC・ブラウザ用
ぴたサポシステムご利用ガイドはこちら
https://www.shinko-keirin.co.jp/shinko/news/pittari-support-system
いつも見えるところに、この「がんばり表」をはっておこう。
この「ぴたトレ」をがくしゅうしたら、シールをはろう！
どこまでがんばったかわかるよ。
スタート
たし算の　ひっ算
2〜3ページ
4〜5ページ
ひき算の　ひっ算
6〜7ページ
8〜9ページ
時こくと　時間
10〜11ページ
12〜13ページ
長さ
14〜15ページ
16〜17ページ
100を　こえる　数
18〜19ページ
20〜21ページ
22〜23ページ
かさ
24〜25ページ
26〜27ページ
たし算と　ひき算の　あん算
28〜29ページ
30〜31ページ
★計算の
ふくしゅう
テスト①
32〜33ページ
たし算と　ひき算の　ひっ算
34〜35ページ
36〜37ページ
38〜39ページ
40〜41ページ
42〜43ページ
しきと　計算
44〜45ページ
かけ算(1)
46〜47ページ
48〜49ページ
50〜51ページ
52〜53ページ
54〜55ページ
かけ算(2)
56〜57ページ
58〜59ページ
60〜61ページ
62〜63ページ
64〜65ページ
九九の　きまり
66〜67ページ
68〜69ページ
★計算の
ふくしゅう
テスト②
70〜71ページ
100cmを
こえる
長さ
72〜73ページ
1000を
こえる　数
74〜75ページ
分数
76〜77ページ
★計算の
ふくしゅう
テスト③
78ページ
2年生の　計算の　まとめ
79ページ
80ページ
ゴール
できたら
シールを
はろう
さいごまでがんばったキミは
「ごほうびシール」をはろう！
ごほうび
シールを
はろう
(キリトリ線)
教科書ぴったりトレーニング　計算　2年　全教科書版　折込①(オモテ)

教科書ぴったりトレーニングの使い方

ぴた犬たちが勉強をサポートするよ。

ふだんの学習

れんしゅう
まず、計算問題の説明を読んでみよう。
次に、じっさいに問題に取り組んで、とき方を身につけよう。

↓

たしかめのテスト
「れんしゅう」で勉強したことが身についているかな？
かくにんしながら、取り組もう。

↓

実力チェック

ふくしゅうテスト
まとめのテスト
夏休み、冬休み、春休み前に使いましょう。
学期の終わりや学年の終わりのテスト前に
やってもいいね。

2年 チャレンジテスト
すべてのページが終わったら、
まとめのむずかしいテストに
ちょうせんしよう。

ふだんの学習が終わったら、「がんばり表」にシールをはろう。

別冊

丸つけラクラクかいとう
問題と同じ紙面に赤字で「答え」が書いてあるよ。
取り組んだ問題の答え合わせをしてみよう。まちがえた問題やわからなかった問題は、右のてびきを読んだり、教科書を読み返したりして、もう一度見直そう。

おうちのかたへ

本書『教科書ぴったりトレーニング』は、「れんしゅう」の例題で問題の解き方をつかみ、問題演習を繰り返して定着できるようにしています。「たしかめのテスト」では、テスト形式で学習事項が定着したか確認するようになっています。日々の学習（トレーニング）にぴったりです。

「単元対照表」について

この本は、どの教科書にも合うように作っています。教科書の単元と、この本の関連を示した「単元対照表」を参考に、学校での授業に合わせてお使いください。

別冊『丸つけラクラクかいとう』について

おうちのかたへ では、次のようなものを示しています。

- 学習のねらいやポイント
- 他の学年や他の単元の学習内容とのつながり
- まちがいやすいことやつまずきやすいところ

お子様への説明や、学習内容の把握などにご活用ください。

内容の例

> おうちのかたへ
> 小数のかけ算についての理解が不足している場合、4年生の小数のかけ算の内容を振り返りさせましょう。

（キリトリ線）
教科書ぴったりトレーニング　計算　2年　折込①（ウラ）